全国建筑业企业项目经理培训教材

施工项目管理概论

（修订版）

全国建筑业企业项目经理培训教材编写委员会

中国建筑工业出版社

图书在版编目（CIP）数据

施工项目管理概论/全国建筑业企业项目经理培训教材编
写委员会编．—修订版．—北京：中国建筑工业出版社，
2001
全国建筑业企业项目经理培训教材
ISBN 978-7-112-04918-9

Ⅰ．施…　Ⅱ．全…　Ⅲ．建筑工程—工程施工—项目管
理　Ⅳ．TU 71

中国版本图书馆 CIP 数据核字（2001）第 087786 号

本书对施工项目管理理论进行系统阐述，构成了施工项目管理学科的
理论基础，是为项目经理学习掌握施工项目管理理论和提供的教材。故本
书首先阐明了施工项目管理的概念、产生、发展、内容、方法和应用，继
而围绕项目组织、项目经理、目标控制、生产要素管理、施工阶段监理及
施工项目后期管理等，从理论与实践的结合上进行了全面阐述。

本书既可供施工项目经理进行岗前学习使用，又可供高等学校土木工
程专业及工程管理专业教学参考。

*　　*　　*

责任编辑：时咏梅　封毅　吉万旺

全国建筑业企业项目经理培训教材
施工项目管理概论
（修订版）
全国建筑业企业项目经理培训教材编写委员会
*
中国建筑工业出版社出版、发行（北京西郊百万庄）
各地新华书店、建筑书店经销
北京世知印务有限公司印刷
*
开本：787×1092 毫米　1/16　印张：12　字数：287 千字
2001 年 12 月第一版　2013 年 7 月第三十二次印刷
定价：**17.00** 元
ISBN 978-7-112-04918-9
（14983）

全国建筑业企业项目经理培训教材
修订版编写委员会成员名单

顾　问：

  金德钧　　建设部总工程师、建筑管理司司长

主任委员：

  田世宇　　中国建筑业协会常务副会长

副主任委员：

  张鲁风　　建设部建筑管理司巡视员兼副司长

  李竹成　　建设部人事教育司副司长

  吴之乃　　中国建筑业协会副秘书长

委员（按姓氏笔画排序）：

  王瑞芝　　北方交通大学教授

  毛鹤琴　　重庆大学教授

  丛培经　　北京建筑工程学院教授

  孙建平　　上海市建委经济合作处处长

  朱　嬿　　清华大学教授

  李竹成　　建设部人事教育司副司长

  吴　涛　　中国建筑业协会工程项目管理委员会秘书长

  吴之乃　　中国建筑业协会副秘书长

  何伯洲　　东北财经大学教授

  何伯森　　天津大学教授

  张鲁风　　建设部建筑管理司巡视员兼副司长

  张兴野　　建设部人事教育司专业人才与培训处调研员

  张守健　　哈尔滨工业大学教授

  姚建平　　上海建工（集团）总公司副总经理

  范运林　　天津大学教授

  郁志桐　　北京市城建集团总公司总经理

  耿品惠　　中国建设教育协会副秘书长

  燕　平　　建设部建筑管理司建设监理处处长

办公室主任：

  吴　涛（兼）

办公室副主任：

  王秀娟　　建设部建筑管理司建设监理处助理调研员

全国建筑施工企业项目经理培训教材
第一版编写委员会成员名单

主任委员：

　　姚　兵　　建设部总工程师、建筑业司司长

副主任委员：

　　秦兰仪　　建设部人事教育劳动司巡视员

　　吴之乃　　建设部建筑业司副司长

委员（按姓氏笔画排序）：

　　王瑞芝　　北方交通大学工业与建筑管理工程系教授

　　毛鹤琴　　重庆建筑大学管理工程学院院长、教授

　　田金信　　哈尔滨建筑大学管理工程系主任、教授

　　丛培经　　北京建筑工程学院管理工程系教授

　　朱嬿　　　清华大学土木工程系教授

　　杜　训　　东南大学土木工程系教授

　　吴　涛　　中国建筑业协会工程项目管理专业委员会会长

　　吴之乃　　建设部建筑业司副司长

　　何伯洲　　哈尔滨建筑大学管理工程系教授、高级律师

　　何伯森　　天津大学管理工程系教授

　　张　毅　　建设部建筑业司工程建设处处长

　　张远林　　重庆建筑大学副校长、副教授

　　范运林　　天津大学管理工程系教授

　　郁志桐　　北京市城建集团总公司总经理

　　郎荣燊　　中国人民大学投资经济系主任、教授

　　姚　兵　　建设部总工程师、建筑业司司长

　　姚建平　　上海建工（集团）总公司副总经理

　　秦兰仪　　建设部人事教育劳动司巡视员

　　耿品惠　　建设部人事教育劳动司培训处处长

办公室主任：

　　吴　涛（兼）

办公室副主任：

　　李燕鹏　　建设部建筑业司工程建设处副处长

　　张卫星　　中国建筑业协会工程项目管理专业委员会秘书长

4

修 订 版 序 言

随着我国建筑业和建设管理体制改革的不断深化，建筑业企业的生产方式和组织结构也发生了深刻的变化，以施工项目管理为核心的企业生产经营管理体制已基本形成，建筑业企业普遍实行了项目经理责任制和项目成本核算制。特别是面对中国加入WTO和经济全球化的挑战，施工项目管理作为一门管理学科，其理论研究和实践应用也愈来愈加得到了各方面的重视，并在实践中不断创新和发展。

施工项目是建筑业企业面向建筑市场的窗口，施工项目管理是企业管理的基础和重要方法。作为对施工项目施工过程全面负责的项目经理素质的高低，直接反映了企业的形象和信誉，决定着企业经营效果的好坏。为了培养和建立一支懂法律、善管理、会经营、敢负责、具有一定专业知识的建筑业企业项目经理队伍，高质量、高水平、高效益地搞好工程建设，建设部自1992年就决定对全国建筑业企业项目经理实行资质管理和持证上岗，并于1995年1月以建建〔1995〕1号文件修订颁发了《建筑施工企业项目经理资质管理办法》。在2001年4月建设部新颁发的企业资质管理文件中又对项目经理的素质提出了更高的要求，这无疑对进一步确立项目经理的社会地位，加快项目经理职业化建设起到了非常重要的作用。

在总结前一阶段培训工作的基础上，本着项目经理培训的重点放在工程项目管理理论学习和实践应用的原则，按照注重理论联系实际，加强操作性、通用性、实用性，做到学以致用的指导思想，经建设部建筑市场管理司和人事教育司同意，编委会决定对1995年版《全国建筑施工企业项目经理培训教材》进行全面修订。考虑到原编委工作变动和其他原因，对原全国建筑施工企业项目经理培训教材编委会成员进行了调整，产生了全国建筑业企业项目经理培训教材（修订版）编委会，自1999年开始组织对《施工项目管理概论》、《工程招投标与合同管理》、《施工组织设计与进度管理》、《施工项目质量与安全管理》、《施工项目成本管理》、《计算机辅助施工项目管理》等六册全国建筑施工企业项目经理培训教材及《全国建筑施工企业项目经理培训考试大纲》进行了修订。

新修订的全国建筑业企业项目经理培训教材，根据建筑业企业项目经理实际工作的需要，高度概括总结了15年来广大建筑业企业推行施工项目管理的实践经验，全面系统地论述了施工项目管理的基本内涵和知识，并对传统的项目管理理论有所创新；增加了案例教学的内容，吸收借鉴了国际上通行的工程项目管理做法和现代化的管理方法，通俗实用，操作性、针对性强；适应社会主义市场经济和现代化大生产的要求，体现了改革和创新精神。

我们真诚地希望广大项目经理通过这套培训教材的学习，不断提高自己的理论创新水平，增强综合管理能力。我们也希望已经按原培训教材参加过培训的项目经理，通过自学修订版的培训教材，补充新的知识，进一步提高自身素质。同时，在这里我们对原全国建筑施工企业项目经理培训教材编委会委员以及为这套教材做出杰出贡献的所有专家、学者和企业界同仁表示衷心的感谢。

全套教材由北京建筑工程学院丛培经教授统稿。

由于时间较紧，本套教材的修订中仍然难免存在不足之处，请广大项目经理和读者批评指正。

全国建筑业企业项目经理培训教材编写委员会

2001 年 10 月

修 订 版 前 言

本书根据1995年1月出版的《施工项目管理概论》进行修订。修订版的内容较第一版有很大变化。变化的原因是：第一，努力使施工项目管理规范化；第二，贯彻国家新颁布的相关法律、法规和部门规章；第三，将改革过程中提出的一些施工项目管理的探索性理论和做法进行了筛选、修正和提炼；第四，努力使我国的施工项目管理理论和做法与国际流行的项目管理理论和做法接口，以有利于在国际国内市场上与同行协作和竞争；第五，进行了结构优化和调整，做了较多补充。

本书在修订版编写委员会的领导下，由北京建筑工程学院丛培经主编，第一章由丛培经修订，第二、三章由建筑业协会工程项目管理委员会吴涛和山东科技大学贾宏俊修订；第四、五章由丛培经和吉林建筑工程学院周永祥修订；第六、七章由丛培经修订。

由于水平所限，本书的修订必定存在不足与缺陷，欢迎读者批评、指正。

第 一 版 前 言

本书根据 1994 年 6 月 15 日至 16 日"全国建筑施工企业项目经理培训教材编写委员会"第一次会议审定的《施工项目管理概论》教学大纲编写，并贯彻了会议确定的原则："注重理论联系实际，加强操作性、通用性、实用性，具有一定的深度，做到学以致用，坚持政府、学校、企业三结合。"

在建设部建筑业司的领导下，本书由北京建筑工程学院丛培经主编，建筑业协会项目管理专业委员会吴涛参加编写，中国人民大学郎荣燊主审。丛培经编写了一、四、五、六、七、八章，吴涛编写了二、三章，全书由丛培经统纂定稿。

在编写中，参考了许多文献资料和一些企业的施工项目管理经验，谨此对文献资料的作者和经验的创造者表示诚挚的感谢。

由于水平有限，书中不足之处在所难免，敬请读者批评指正。

全套教材由北京建筑工程学院丛培经教授统稿。

目　　录

第一章　施工项目管理概述

第一节　施工项目管理的概念

一、施工项目的概念

(一) 项目

项目是由一组有起止时间的、相互协调的受控活动所组成的特定过程，该过程要达到符合规定要求的目标，包括时间、成本和资源的约束条件。

"项目"的范围非常广泛，它包括了很多内容，最常见的有：科学研究项目，如基础科学研究项目、应用科学研究项目、科技攻关项目等；开发项目，如资源开发项目、新产品开发项目、小区开发项目等；建设项目，如工业与民用建筑工程、交通工程、水利工程等。作为项目它们都具有共同的特征：

1. 项目的特定性

项目的特定性也可称为单件性或一次性，是项目最主要的特征。每个项目都有自己的特定过程，都有自己的目标和内容，因此也只能对它进行单件处置（或生产），不能批量生产，不具重复性。只有认识到项目的特定性，才能有针对性地根据项目的具体特点和要求，进行科学的管理，以保证项目一次成功。这里所说的"过程"，是指"一组将输入转化为输出的相互关联或相互作用的活动"。

2. 项目具有明确的目标和一定的约束条件

项目的目标有成果性目标和约束性目标。成果性目标指项目应达到的功能性要求，如兴建一所学校可容纳的学生人数、医院的床位数、宾馆的房间数等；约束性目标是指项目的约束条件，凡是项目都有自己的约束条件，项目只有满足约束条件才能成功，因而约束条件是项目目标完成的前提。一般项目的约束条件包括限定的时间、限定的资源（包括人员、资金设施、设备、技术和信息等）和限定的质量标准。目标不明确的过程不能称做"项目"。

3. 项目具有特定的生命周期

项目过程的一次性决定了每个项目都具有自己的生命周期，任何项目都有其产生时间、发展时间和结束时间，在不同的阶段都有特定的任务、程序和工作内容。如建设项目的生命周期包括项目建议书、可行性研究、设计工作、建设准备、建设实施、竣工验收与交付使用；施工项目的生命周期包括：投标与签订合同、施工准备、施工、交工验收、用后服务。成功的项目管理是将项目作为一个整体系统，进行全过程的管理和控制，是对整个项目生命周期的系统管理。

4. 项目作为管理对象的整体性

一个项目，是一个整体管理对象，在按其需要配置生产要素时，必须以总体效益的提高为标准，做到数量、质量、结构的总体优化。由于内外环境是变化的，所以管理和生产要素的配置是动态的。项目中的一切活动都是相关的，构成一个整体。缺少某些活动必将损害项目目标的实现，但多余的活动也没有必要。

5. 项目的不可逆性

项目按照一定的程序进行，其过程不可逆转，必须一次成功，失败了便不可挽回，因而项目的风险很大，与批量生产过程（重复的过程）有着本质的差别。

（二）建设项目

"建设项目"是项目中最重要的一类。一个建设项目就是一项固定资产投资项目，既有基本建设项目（新建、扩建等扩大生产能力的建设项目），又有技术改造项目（以节约、增加产品品种、提高质量、治理"三废"、劳动安全为主要目的的项目）。建设项目是指需要一定量的投资，经过决策和实施（设计、施工等）的一系列程序，在一定的约束条件下形成固定资产为明确目标的特定过程。建设项目有以下基本特征：

（1）在一个总体设计或初步设计范围内，由一个或若干个互相有内在联系的单项工程所组成，建设中实行统一核算、统一管理。

（2）在一定的约束条件下，以形成固定资产为特定目标。约束条件一是时间约束，即一个建设项目有合理的建设工期目标；二是资源的约束，即一个建设项目有一定的投资总量目标；三是质量约束，即一个建设项目都有预期的生产能力、技术水平或使用效益目标。

（3）需要遵循必要的建设程序和经过特定的建设过程。即一个建设项目从提出建设的设想、建议、方案选择、评估、决策、勘察、设计、施工一直到竣工、投产或投入使用，有一个有序的全过程。

（4）按照特定的任务，具有一次性特点的组织方式。表现为建设组织的一次性，资金的一次性投入，建设地点的一次性固定，设计单一，施工单件。

（5）具有投资限额标准。只有达到一定限额投资的才作为建设项目，不满限额标准的称为零星固定资产购置。

（三）施工项目

"施工项目"是由"建筑业企业自施工承包投标开始到保修期满为止的全过程中完成的项目"。这就是说，"施工项目"是由建筑业企业完成的项目，它可能以建设项目为过程产出物，也可能是产出其中的一个单项工程或单位工程。过程的起点是投标，终点是保修期满。施工项目除了具有一般项目的特征外，还具有自己的特征：

（1）它是建设项目或其中的单项工程、单位工程的施工活动过程。

（2）以建筑业企业为管理主体。

（3）项目的任务范围是由施工合同界定的。

（4）产品具有多样性、固定性、体积庞大的特点。

只有单位工程、单项工程和建设项目的施工活动过程才称得上施工项目，因为它们才是建筑业企业的最终产品。由于分部工程、分项工程不是建筑业企业的最终产品，故其活动过程不能称做施工项目，而是施工项目的组成部分。

这里所说的"建筑业企业"，是指"从事土木工程、建筑工程、线路管道安装工程、装修工程的新建、扩建、改建活动的企业"。这是一个规范用词，不再使用"建筑企业"、"建筑施工企业"、"施工企业"等非规范用词。

二、施工项目管理的概念

（一）项目管理

项目管理是指为了达到项目目标，对项目的策划（规划、计划）、组织、控制、协调、监督等活动过程的总称。

项目管理的对象是项目。项目管理者应是项目中各项活动主体本身。项目管理的职能同所有管理的职能均是相同的。项目的特殊性带来了项目管理的复杂性和艰巨性，要求按照科学的理论、方法和手段进行管理，特别是要用系统工程的观念、理论和方法进行管理。项目管理的目的就是保证项目目标的顺利完成。项目管理有以下特征：

（1）每个项目的管理都有自己特定的管理程序和管理步骤。项目管理的特点决定了每个项目都有自己特定的目标，项目管理的内容和方法要针对项目目标而定，项目目标的不同决定了每个项目都有自己的管理程序和步骤。

（2）项目管理是以项目经理为中心的管理。由于项目管理具有较大的责任和风险，其管理涉及人力、技术、设备、资金、信息、设计、施工、验收等多方面因素和多元化关系，为更好地进行项目策划、计划、组织、指挥、协调和控制，必须实施以项目经理为核心的项目管理体制。在项目管理过程中应授予项目经理必要的权力，以使其及时处理项目实施过程中发生的各种问题。

（3）项目管理应使用现代管理方法和技术手段。现代项目大多数是先进科学的产物或是一种涉及多学科、多领域的系统工程，要圆满地完成项目就必须综合运用现代管理方法和科学技术，如决策技术、预测技术、网络与信息技术、网络计划技术、系统工程、价值工程、目标管理等。

（4）项目管理应实施动态管理。为了保证项目目标的实现，在项目实施过程中要采用动态控制方法，即阶段性地检查实际值与计划目标值的差异，采取措施，纠正偏差，制订新的计划目标值，使项目能实现最终目标。

（二）建设项目管理

建设项目管理是项目管理的一类，其管理对象是建设项目。它可以定义为：建设单位在建设项目的生命周期内，用系统工程的理论、观点和方法，进行有效的规划、决策、组织、协调、控制等系统性的、科学的管理活动，从而按项目既定的质量要求、动用时间、投资总额、资源限制和环境条件，圆满地实现建设项目目标。建设项目管理的职能如下：

（1）决策职能。建设项目的建设过程是一个系统的决策过程，每一建设阶段的启动靠决策。前期决策对设计阶段、施工阶段及项目建成后的运行，均产生重要影响。

（2）计划职能。这一职能可以把项目的全过程、全部目标和全部活动都纳入计划轨道，用动态的计划系统协调与控制整个项目，使建设活动协调有序地实现预期目标。正因为有了计划职能，各项工作都是可预见的，是可控制的。

（3）组织职能。这一职能是通过建立以项目经理为中心的组织保证系统实现的。给这个系统确定职责，授予权力，实行合同制，健全规章制度，可以进行有效的运转，确保项目目标的实现。

（4）协调职能。由于建设项目实施的各阶段、相关的层次、相关的部门之间，存在着大量的结合部。在结合部内存在着复杂的关系和矛盾，处理不好，便会形成协作配合的障碍，影响项目目标的实现。故应通过项目管理的协调职能进行沟通，排除障碍，确保系统的正常运转。

（5）控制职能。建设项目的主要目标的实现，是以控制职能为保证手段的。这是因为，偏离预定目标的可能性是经常存在的，必须通过决策、计划、协调、信息反馈等手段，采用科学的管理方法，纠正偏差，确保目标的实现。目标有总体的，也有分目标和阶段目标，各项目标组成一个体系，因此，目标的控制也必须是系统的、连续的。建设项目管理的主要任务就是进行目标控制。主要目标是投资、进度和质量。

（三）施工项目管理

"施工项目管理"是建筑业企业运用系统的观点、理论和方法对施工项目进行的计划、组织、监督、控制、协调等全过程、全面的管理。

施工项目管理是项目管理的一个分支，其管理对象是施工项目，管理者是建筑业企业，施工项目管理有以下特征：

（1）施工项目的管理者是建筑业企业。建设单位和设计单位都不进行施工项目管理。一般地，建筑业企业也不委托咨询公司进行施工项目管理。由建设单位或监理单位进行的工程项目管理中涉及到的施工阶段管理仍属建设项目管理，不能算作施工项目管理。监理单位把施工单位作为监督对象，虽与施工项目管理有关，但不能算作施工项目管理。

（2）施工项目管理的对象是施工项目。施工项目管理的周期包括工程投标、签订工程项目承包合同、施工准备、施工以及交工验收及保修等阶段。施工项目的特点给施工项目管理带来了特殊性。施工项目的特点是多样性、固定性及庞大性，施工项目管理的主要特殊性是生产活动与市场交易活动同时进行；先有交易活动，后有"产成品"（工程项目）；买卖双方都投入生产管理，生产活动和交易活动很难分开。所以施工项目管理是对特殊的商品、特殊的生产活动、在特殊的市场上，进行的特殊的交易活动的管理，其复杂性和艰难性都是其他生产管理所不能比拟的。

（3）施工项目管理的内容是按阶段变化的。每个施工项目都按建设程序进行，也按施工程序进行，从开始到结束，要经过几年乃至十几年的时间。进行施工项目管理时间的推移带来了施工内容的变化，因而也要求管理内容随着发生变化。准备阶段、基础施工阶段、结构施工阶段、装修施工阶段、安装施工阶段、验收交工阶段，管理的内容差异很大。因此，管理者必须做出设计、签订合同、提出措施、进行有针对性的动态管理，并使资源优化组合，以提高施工效率和施工效益。

（4）施工项目管理要求强化组织协调工作。由于施工项目的生产活动的独特性，对产生的问题难以补救或虽可补救但后果严重；由于参与施工的人员不断在流动，需要采取特殊的流水方式，组织工作量很大；由于施工在露天进行，工期长，需要的资源多；还由于施工活动涉及到复杂的经济关系、技术关系、法律关系、行政关系和人际关系等，故施工项目管理中的组织协调工作最为艰难、复杂、多变，必须通过强化组织协调的办法才能保证施工顺利进行。主要强化方法是优选项目经理，建立调度机构，配备称职的调度人员，努力使调度工作科学化、信息化，建立起动态的控制体系。

施工项目管理与建设项目管理是不同的。首先是管理的任务不同，其次是管理内容不同，第三是管理范围不同。其不同点见表1-1。

建设项目管理、工程设计项目管理、施工项目管理、工程咨询项目管理等都属于工程项目管理范畴。施工项目管理也不同于企业管理，它要求建筑业企业（承包人）以施工项目作为管理对象，以施工合同确定的内容为最终管理目标，在实施项目经理责任制和项目成本核算制的前提下，以项目经理和项目经理部为管理主体，对施工项目实施管理。

区别特征	施工项目管理	建设项目管理
管理任务	生产出工程产品，取得利润	取得符合要求的，能发挥应有效益的固定资产
管理内容	涉及从投标开始到交工为止的全部生产组织与管理及维修	涉及投资周转和建设的全过程的管理
管理范围	由工程承包合同规定的承包范围，是建设项目、单项工程或单位工程的施工	由可行性研究报告确定的所有工程，是一个建设项目
管理的主体	建筑业企业	建设单位或其委托的咨询（监理）单位

三、施工项目管理与建设程序

（一）我国的建设程序

建设项目的建设程序习惯称作基本建设程序。建设项目按照建设程序进行建设是社会经济规律的要求，是建设项目的技术经济规律要求的，也是建设项目的复杂性（环境复杂、涉及面广、相关环节多、多行业多部门配合）决定的。我国的建设程序分为六个阶段，即项目建议书阶段、可行性研究阶段、设计工作阶段、建设准备阶段、建设实施阶段和竣工验收阶段。这六个阶段的关系如图 1-1 所示。其中项目建议书阶段和可行性研究阶段称为"前期工作阶段"或决策阶段。

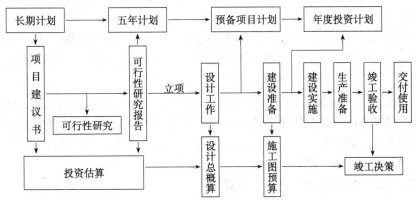

图 1-1　建设程序图

1. 项目建议书阶段

项目建议书是业主单位向国家提出的要求建设某一建设项目的建议文件，是对建设项目的轮廓设想，是从拟建项目的必要性及大方面的可能性加以考虑的。在客观上，建设项目要符合国民经济长远规划，符合部门、行业和地区规划的要求。

2. 可行性研究阶段

项目建议书经批准后，应紧接着进行可行性研究。可行性研究是对建设项目在技术上和经济上（包括微观效益和宏观效益）是否可行进行科学分析和论证工作，是技术经济的深入论证阶段，为项目决策提供依据。

可行性研究的主要任务是通过多方案比较，提出评价意见，推荐最佳方案。

可行性研究的内容可概括为市场（供需）研究、技术研究和经济研究三项。具体说来，工业项目的可行性研究的内容是：项目提出的背景、必要性、经济意义、工作依据与范围，需要预测和拟建规模，资源材料和公用设施情况，建厂条件和厂址方案，环境保护，企业组织定员及培训，实际进度建议，投资估算数和资金筹措，社会效益及经济效益。在可行性研究的基础上，编制可行性研究报告。

可行性研究报告经批准后，项目决策便完成，可立项，进入实施阶段。可行性研究报告是初步设计的依据，不得随意修改和变更。如果在建设规模、产品方案、建设地区、主要协作关系等方面有变动以及突破投资控制数时，应经原批准机关同意。

按照现行规定，大中型和限额以上项目可行性研究报告经批准之后，项目可根据实际需要组成筹建机构，即组织建设单位。但一般改、扩建项目不单独设筹建机构，仍由原企业负责筹建。

3. 设计工作阶段

一般项目进行两阶段设计，即初步设计和施工图设计。技术上比较复杂而又缺乏设计经验的项目，在初步设计阶段后加技术设计。

（1）初步设计。是根据可行性研究报告的要求所做的具体实施方案，目的是为了阐明在指定的地点、时间和投资控制数额内，拟建项目在技术上的可能性和经济上的合理性，并通过对工程项目所作出的基本技术经济规定，编制项目总概算。

初步设计不得随意改变被批准的可行性研究报告所确定的建设规模、产品方案、工程标准、建设地址和总投资等控制指标。如果初步设计提出的总概算超过可行性研究报告总投资的 10% 以上或其他主要指标需要变更时，应说明原因和计算依据，并报可行性研究报告原审批单位同意。

（2）技术设计。是根据初步设计和更详细的调查研究资料编制的，进一步解决初步设计中的重大技术问题，如工艺流程、建筑结构、设备选型及数量确定等，以使建设项目的设计更具体，更完善，技术经济指标更好。

（3）施工图设计。施工图设计完整地表现建筑物外形、内部空间分割、结构体系、构造状况以及建筑群的组成和周围环境的配合，具有详细的构造尺寸。它还包括各种运输、通讯、管道系统、建筑设备的设计。在工艺方面，应具体确定各种设备的型号、规格及各种非标准设备的制造加工图。

在施工图设计阶段应编制施工图预算。

4. 建设准备阶段

（1）预备项目。初步设计已经批准的项目，可列为预备项目。国家的预备项目计划，是对列入部门、地方编报的年度建设预备项目计划中的大中型和限额以上项目，经过从建设总规模、生产力总布局、资源优化配置以及外部协作条件等方面进行综合平衡后安排和下达的。预备项目在进行建设准备过程中的投资活动，不计算建设工期，统计上单独反映。

（2）建设准备的内容。建设准备的主要工作内容包括：①征地、拆迁和场地平整；②完成施工用水、电、路等工程；③组织设备、材料订货；④准备必要的施工图纸；⑤组织施工招标投标，择优选定施工单位。

（3）报批开工报告。按规定进行了建设准备和具备了开工条件以后，建设单位要求批准新开工要经国家计委统一审核后编制年度大中型和限额以上建设项目新开工计划报国务院批准。部门和地方政府无权自行审批大中型和限额以上建设项目的开工报告。年度大中型和限额以上新开工项目经国务院批准，国家计委下达项目计划。

5. 建设实施阶段

建设项目经批准新开工建设，项目便进入了建设实施阶段。这是项目决策的实施、建成投产发挥投资效益的关键环节。新开工建设的时间，是指建设项目设计文件中规定的任何一项永久性工程第一次破土开槽开始施工的日期。不需要开槽的，正式开始打桩日期就是开工日期。铁道、公路、水库等需要进行大量土、石方工程的，以开始进行土、石方工程日期作为正式开工日期。分期建设的项目，分别按各期工程开工的日期计算。施工活动应按设计要求、合同条款、预算投资、施工程序和顺序、施工组织设计，在保证质量、工期、成本计划等目标的前提下进行，达到竣工标准要求，经过验收后，移交给建设单位。

在实施阶段还要进行生产准备。生产准备是项目投产前由建设单位进行的一项重要工作。它是衔接建设和生产的桥梁，是建设阶段转入生产经营的必要条件。建设单位应适时组成专门班子或机构做好生产准备工作。

生产准备工作的内容根据企业的不同而异，总的来说，一般包括下列内容：

(1) 组织管理机构，制定管理制度和有关规定。

(2) 招收并培训生产人员，组织生产人员参加设备的安装、调试和工程验收。

(3) 签订原料、材料、协作产品、燃料、水、电等供应及运输的协议。

(4) 进行工具、器具、备品、备件等的制造或订货。

(5) 其他必须的生产准备。

6. 竣工验收交付使用阶段

当建设项目按设计文件的规定内容全部施工完成以后，便可组织验收。它是建设全过程的最后一道程序，是投资成果转入生产或作用的标志，是建设单位、设计单位和施工单位向国家汇报建设项目的生产能力或效益、质量、成本、收益等全面情况及交付新增固定资产的过程。竣工验收对促进建设项目及时投产，发挥投资效益及总结建设经验，都有重要作用。通过竣工验收，可以检查建设项目实际形成的生产能力或效益，也可避免项目建成后继续消耗建设费用。竣工验收以后，建设项目便可以交付使用，完成建设单位和使用单位的交易过程。

(二) 国外的建设程序

国外工程的建设程序基本与我国相似，大致可以划分为四个阶段：项目决策阶段，项目组织、计划、设计阶段，项目实施阶段，项目试生产、竣工验收阶段 (图 1-2)。具体介绍如下：

1. 项目决策阶段

本阶段的主要目标是通过投资机会的选择、可行性研究、项目评估和报请主管部门审批，对项目投资的必要性、可能性，以及为什么要投资、何时投资、如何实施等重大问题，进行科学论证和多方案比较。也即是为作投资前期准备而进行机会研究、初步可行性研究和可行性研究。本阶段工作量不大，但是投资决策却是投资者最重视的，因为它对项目的长远经济效益和战略方向起决定作用。

2. 项目组织、计划与设计阶段

本阶段的主要工作包括：①项目初步设计和施工图设计；②项目招标及承包商的选定；③签订项目承包合同；④项目实施总体计划的制定；⑤项目征地及建设条件的准备。

本阶段是战略决策的具体化，它在很大程度上决定了项目实施的成败及能否高效率地达到预期目标。

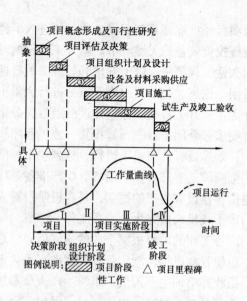

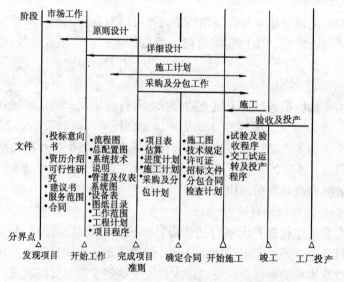 の上部は図1-2で、下部は図1-3

項目里程碑说明：

⚠ 项目建议书提出
⚠ 可行性研究报告提出
⚠ 计划任务书下达
⚠ 图纸交付、开工命令下达
⚠ 项目配套竣工
⚠ 试生产验收合格

(1) 项目管理只包括Ⅱ Ⅲ Ⅳ三个阶段，并可以进一步详细划分
(2) 为保证项目决策的科学性、客观性，阶段Ⅰ的工作应另委托独立进行
(3) 项目运行不属项目管理范畴

图 1-2　国外工程项目生命周期及阶段划分

3. 项目实施阶段

本阶段的主要任务是将"蓝图"变成项目实体，实现投资决策意图。在这一阶段，通过施工，在规定的工期、质量、造价范围内，按设计要求高效率地实现项目目标。本阶段在项目周期中工作量最大，投入的人力、物力和财力最多，项目管理的难度也最大，因此，它是项目管理的重点阶段。

4. 项目试生产、竣工验收阶段

本阶段应完成项目的竣工验收、联动试车、试生产。项目试生产正常并经业主认可后，项目即告结束。但从项目管理的角度看，在项目缺陷维修期中，仍要进行项目管理。

以上是粗略的阶段划分，它还可以逐级分解展开。图1-3是美国某承包商总承包的大型"交钥匙"项目的阶段划分示意图，其中没有涉及由业主进行的项目决策阶段。图1-4

图 1-3　美国某大型"交钥匙"项目阶段划分

阶段	计划阶段				执行阶段		生产阶段	
步骤	预选	选定	准备	批准	动员	实施	经营	总结评价
工作和活动	从别的项目形成设想 筛选 计划—国家的—部门的—地区的	初步可行性研究 可行性研究	初步设计 技术设计	审查	详细设计 进一步准备 计划 预算 人事 招标	建造 制造 安装 调试 试生产 签约	进行中的生产 移交 全面投产	衡量结果 产生新项目的设想
决策	为初步可行性研究批准费用	为可行性研究批准费用	提交项目建议报告	批准项目				
世界银行用语	巩固产生部门规划	项目选定 1	项目准备 2	评估 3 / 谈判 4	执行和监督 5		总结评价 6	
联合国工业组织用语	形成概念	确定定义和要求	形成项目	授权	具体活动开始		责任终止	总结评价

图1-4 世界银行项目和联合国工业发展组织的项目阶段划分及活动内容

是世界银行和联合国工业发展组织的项目阶段划分示意图。图1-5是各阶段投入资金情况示意图。

（三）施工项目管理程序及其与建设程序的关系

1. 施工项目管理程序

施工项目管理程序可划分为以下阶段：

（1）投标与签订合同阶段

建设单位对建设项目进行设计和建设准备、具备了招标条件以后，便发出招标公告（或邀请函），施工单位见到招标公告或邀请函后，从做出投标决策至中标签约，实质上便是在进行施工项目的工作。这是施工项目寿命周期的第一阶段，可称为立项阶段。本阶段的最终管理目标是签订工程承包合同。这一阶段主要进行以下工作：

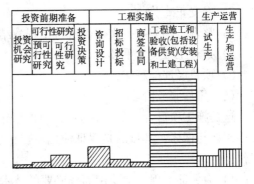

图 1-5 各阶段投入资金示意图

1）建筑施工企业从经营战略的高度做出是否投标争取承包该项目的决策。

2）决定投标以后，从多方面（企业自身、相关单位、市场、现场等）掌握大量信息。

3）编制既能使企业盈利，又有竞争力，可望中标的投标书。

4）如果中标，则与招标方进行谈判，依法签订工程承包合同，使合同符合国家法律、法规和国家计划，符合平等互利的原则。

（2）施工准备阶段

施工单位与招标单位签订了工程承包合同、交易关系正式确立以后，便应组建项目经理部，然后以项目经理部为主，与企业管理层、建设单位配合，进行施工准备，使工程具备开工和连续施工的基本条件。这一阶段主要进行以下工作：

1）成立项目经理部，根据工程管理的需要建立机构，配备管理人员。

2）制订施工项目管理实施规划，以指导施工项目管理活动。

3）进行施工现场准备，使现场具备施工条件，利于进行文明施工。

4）编写开工申请报告，待批开工。

（3）施工阶段

这是一个自开工至竣工的实施过程。在这一过程中，项目经理部既是决策机构，又是责任机构。企业管理层、建设单位、监理单位的作用是支持、监督与协调。这一阶段的目标是完成合同规定的全部施工任务，达到验收、交工的条件。这一阶段主要进行以下工作：

1）进行施工。

2）在施工中努力作好动态控制工作，保证质量目标、进度目标、造价目标、安全目标、节约目标的实现。

3）管好施工现场，实行文明施工。

4）严格履行施工合同，处理好内外关系，管好合同变更及索赔。

5）作好记录、协调、检查、分析工作。

（4）验收、交工与结算阶段

这一阶段可称作"结束阶段"。与建设项目的竣工验收阶段协调同步进行。其目标是对项目成果进行总结、评价，对外结清债权债务，结束交易关系。本阶段主要进行以下工作：

1）工程收尾。

2）进行试运转。

3）接受正式验收。

4）整理、移交竣工文件，进行工程款结算，总结工作，编制竣工总结报告。

5）办理工程交付手续。

6）项目经理部解体。

（5）用后服务阶段

这是施工项目管理的最后阶段，即在竣工验收后，按合同规定的责任期进行用后服务、回访与保修，其目的是保证使用单位正常使用，发挥效益。在该阶段中主要进行以下工作：

1）为保证工程正常使用而作必要的技术咨询和服务。

2）进行工程回访，听取使用单位意见，总结经验教训，观察使用中的问题，进行必要的维护、维修和保修。

3）进行沉陷、抗震等性能观察。

2. 施工项目管理程序与建设程序的关系

施工项目管理程序和建设程序各有自己的开始时间与完成时间，各有自己的全寿命周期和阶段划分，因此它们是各自独立的。然而两者之间仍有密切关系。从投标以后至竣工验收的一段时间，建设项目管理与施工项目管理同步进行，相互交叉、相互依存、相互制约。这就对发包、承包双方都按照各自的管理程序办事以相互促进提出了更高要求，并应避免出现相互掣肘的现象发生。

第二节 项目管理的产生与发展

一、项目管理的产生

理论上的不断突破，管理技术方法的开发和运用，生产实践的需要，为项目管理概念的产生提供了条件，进而发展为一门学科。

有建设就有项目，有项目当然会有项目管理，故项目管理是古老的人类生产实践活动。然而项目管理形成为一门学科却是 20 世纪 60 年代以后的事。当时，大型建设项目、复杂的科研项目、军事项目（尤其是北极星导弹研制项目）和航天项目（如阿波罗登月火箭等）大量出现，国际承包事业大发展，竞争非常激烈，使人们认识到，由于项目的一次性和约束条件的确定性，要取得成功，必须加强管理，引进科学的管理方法，于是项目管理学科作为一种客观需要被提出来了。

另外，从第二次世界大战以后，科学管理方法大量出现，逐渐形成了管理科学体系，并被广泛应用于生产和管理实践，如系统论、控制论、信息论、组织论、行为科学、价值工程、预测技术、决策技术、网络计划技术、数理统计等均已发展成熟并应用于生产管理实践获得成功，产生巨大效益。网络计划在 20 世纪 50 年代末的产生、应用和迅速推广，在管理理论和方法上是一个突破，它特别适用于项目管理，并已有极为成功的应用范例，引起世界性的轰动。

于是，由于项目管理实践的需要，人们便把成功的管理理论和方法引进到了项目管理之中，作为动力，使项目管理越来越具有科学性，终于使项目管理作为一门学科迅速发展起来了，跻身于管理科学的殿堂。项目管理学科是一门综合学科，应用性强，很有发展潜力。现在它与计算机结合，更使这门年轻学科出现了勃勃生机。各国的科学家进行了大量研究和试验。20 世纪 70 年代在美国出现了 CM（Construction Management），在国际上得到了广泛的承认，其特点是，业主委派项目经理并授予其领导权；项目经理有丰富的管理经验并能熟练地掌握和运用各种管理技术；承包商早期进入项目的准备工作，在设计阶段承包商就介入了；业主、设计单位、承包商有能力共同改善设计和施工，以降低成本；进行快速施工（Fast Track）以缩短工期。CM 服务公司可以提供进度控制、预算、价值分析、质量和投资优化估价，材料和劳动力估价，项目财务服务，决算跟踪等系列服务。在英国发展起来的 QS 可以进行多种项目管理咨询服务，如投资估算、投资规划、价值分析、合同管理咨询、索赔处理、编制招标文件、评标咨询、投资控制、竣工决算审核、付款审核等等。随着投资方式的变化，项目管理方式也在发展变化。20 世纪 80 年代中期首先在土耳其产生的 BOT 方式，就是一种新的项目融资方式。BOT 是"Build-Operate-Transfer"的缩写，是建设、经营、转让的意思。建设项目由承包商和银行投资团体发起，并筹集资金、组织实施以及经营管理。这种方式的实质是将国家的基础设施建设和经营私有化。建设成功以后，项目由建设者经营，向用户收取费用、回收投资、还贷、盈利，达到特许权期限时，再把项目无偿转交给政府经营管理。

二、项目管理理论在我国的应用和发展

（一）背景

我国进行施工项目管理的实践活动源远流长，至今有两千多年的历史。我国许多伟大

的工程，如都江堰水利工程，宋朝丁渭修复皇宫工程、北京故宫工程等都是名垂史册的施工项目管理实践活动，其中许多工程运用了科学的思想和组织方法，反映了我国古代工程项目管理的水平和成就。

新中国成立以来，随着我国经济发展需求的日益增长，建设事业得到了迅猛的发展，因此进行了数量更多、规模更大、成就更辉煌的施工项目管理实践活动。如第一个五年计划的156项重点工程项目管理实践；第二个五年计划十大国庆工程项目管理的实践；大庆建设的实践；还有南京长江大桥工程、长江葛洲坝水电站工程、宝钢工程等都进行了成功的项目管理实践活动。这说明，我国的施工项目管理活动有能力、有水平、有速度和效率。

然而我国长期以来大规模的施工项目管理实践活动并没有系统地上升为施工项目管理理论和科学。相反，在计划经济管理体制影响下，许多做法违背了经济规律和科学道理，如违背建设程序、盲目抢工而忽视质量和节约、不按合同进行管理、施工协调的主观随意性等。所以，长时间以来，我国在施工项目管理科学理论上是一片盲区，更谈不上按施工项目管理模式组织建设了。

随着我国改革、开放形势的发展和社会主义市场经济的逐步建立，工程建设中的许多弊端逐渐显露出来，并影响着投资效益的发挥和建筑业的发展。我国传统的建筑管理体制有三大特征：

第一，在产品经济的思想和建筑业没有独立产品的思想指导下，否认建筑产品是商品，把建筑业看做基本建设的附属消费部门，因而建筑产品不是独立的产品而是基本建设的构成部分。

第二，建筑业企业缺乏独立的主体地位。建筑业企业具有双重依附性：一是依附于行政管理部门，二是依附于基本建设部门。

第三，建筑业企业缺乏自主活动的客观环境。由于建筑业企业的双重依附性，无法形成建筑市场，建筑业企业的工程任务和生产要素都要由行政管理部门和建设单位分派，不按商业原则进行交易活动，故建筑业企业的效益不取决于自身努力，而更多地取决于环境条件，企业既无自主经营的动力，也无自负盈亏的压力。

以上三项特征派生出下列问题：

第一，建筑业企业无法根据施工项目的需要配置生产要素，因为施工所需要的资金、物资是随投资分配给建设单位的。

第二，建筑业企业不能根据自身的经营需要选择施工项目，也不能根据施工项目的需要在部门、地区、企业间合理地调配生产要素，而是靠指令性计划。建筑业企业所处的环境是非竞争性的、封闭性的，因此必然造成资源配置的盲目性和巨大浪费。

第三，建筑业企业既没有独立的经济主体地位，当然也不会有独立的利润和经济效益目标。国家只偏重考核建筑业企业完成的产值，使建筑业企业只能盲目地追求产值，无能力按项目组织施工。

第四，以固定的建制完成变化的施工任务，无法根据施工项目对不同数量、质量、品种的资源需要进行配置，造成了生产要素的浪费或短缺，人事上矛盾重重，工作效率低下。

第五，由于没有形成建筑市场，工程产品的价格与价值背离，造成核算不实，考核评价无据可依，平均主义分配，致使企业吃国家的大锅饭，工人吃企业的大锅饭。

第六，管理体制无法、也不能适应建设活动自身的经济规律，它割裂了项目自身的规律性和系统性。项目的设计、施工、物资供应，分别受控于归属、立场、目标等各不相同甚至相互矛盾的不同部门，而缺乏对项目全过程、全系统和全部目标进行高效管理、组织、协调和控制的管理保证体系。

第七，项目前期决策活动存在着主观盲目的倾向，盲目投资、乱上项目、决策失控。在实施过程中忽视经济效益，设计与施工脱节，行政命令代替科学管理，致使项目拖期、质量低劣、造价超支等。

因此，摆在建筑业面前的任务，一是进行管理体制改革，二是按科学的理论组织项目建设，且应当将两者结合起来，互为条件，走出误区。

（二）引进和试验

在改革开放的大潮中，作为市场经济条件下适用的施工项目管理理论，根据我国建设领域改革的需要从国外传入我国，是十分自然而合乎情理的事。1984年以前，施工项目管理理论首先从前西德和日本分别引进到我国，之后其他发达国家，特别是美国和世界银行的项目管理理论和实践经验随着文化交流和工程建设，陆续传入我国。结合建筑业企业管理体制改革和招投标制的推行，在全国许多建筑业企业和建设单位中开展了施工项目管理的试验。有关高等建筑院校也陆续开展了施工项目管理研究和教学活动。

以施工项目为对象的招标承包制从1984年开始推广并迅速普及，使建筑业管理体制产生明显的变化：一是建筑业企业的任务揽取方式发生了变化，由过去按企业固有规模、专业类别和企业组织结构状况分配任务，转变为企业通过市场竞争揽取任务，并按工程项目的状况调整组织结构和管理方式，以适应施工项目管理的需要；二是建筑业企业的责任关系发生了明显变化，过去企业注重与上级行政主管部门的竖向关系，转变为更加注重对建设单位（用户）的责任关系；三是建筑业企业的经营环境发生了明显的变化，由过去封闭于本地区、本企业的闭塞环境，转变为跨地区、跨部门、远离基地和公司本部去揽取并完成施工任务。这三项变化表示，建筑市场已开始形成，施工项目管理模式的推行有了"土壤"（市场）。

（三）鲁布革工程的项目管理经验

鲁布革水电站引水系统工程是我国第一个利用世界银行贷款，并按世界银行规定进行国际竞争性招标和项目管理的工程。1982年国际招标，1984年11月正式开工，1988年7月竣工。在4年多的时间里，创造了著名的"鲁布革工程项目管理经验"，受到中央领导同志的重视，号召建筑业企业进行学习。国家计委等五单位于1987年7月28日以"计施（1987）2002号"发布《关于批准第一批推广鲁布革工程管理经验试点企业有关问题的通知》之后，于1988年8月17日发布"（88）建施综字第7号"通知，确定了15个试点企业共66个项目。1990年10月23日，建设部和国家计委等五单位以"（90）建施字第511号"发出通知，将试点企业调整为50家。在试点过程中，建设部先后五次召开座谈会并进行了检查、推动。1991年9月，建设部提出了《关于加强分类指导、专题突破、分步实施、全面深化施工管理体制综合改革试点工作的指导意见》，把试点工作转变为全行业推进的综合改革。

鲁布革工程的经验主要有以下几点：

（1）最核心的是把竞争机制引入工程建设领域，实行铁面无私的招标投标。

（2）工程建设实行全过程总承包方式和项目管理。

（3）施工现场的管理机构和作业队伍精干灵活，真正能战斗。

（4）科学组织施工，讲求综合经济效益。

（四）项目法施工与施工项目管理

1987年，在推广鲁布革工程经验的活动中，建设部提出了在全国推行"项目法施工"的理论，并展开了广泛的实践活动。"项目法施工"的内涵包括两个方面的含义：一是转换建筑施工企业的经营机制，二是加强施工项目管理，这也是企业经营管理方式和生产管理方式的变革，目的是建立以施工项目管理为核心的企业经营管理体制。1994年9月中旬，建设部建筑业司召开了"工程项目管理工作会议"，明确提出，要把"项目法施工"包含的两方面内容的工作向前推进一步，强化施工项目管理，继续推行并不断扩大工程项目管理体制改革。要围绕建立现代企业制度，搞好"二制"建设：一是完善"项目经理责任制"，解决好项目经理与企业法人之间、项目层次与企业层次之间的关系；项目经理是企业法人代表在项目上的代理人，他们之间是委托与被委托关系，企业层次要服务于项目层次，项目层次要服从于企业层次，企业层次对项目层次主要采取"项目经理责任制"。二是完善"项目成本核算制"，切实把企业的成本核算工作的重心落到施工项目上。

（五）进行持久的、大规模的项目经理培训

建设部自1992年开始进行项目经理培训。截止到2000年底，已培训项目经理近70万人，其中有62万人获得了"全国建筑施工企业项目经理培训合格证"；在此基础上，通过注册，已有32万人取得了《全国建筑施工企业项目经理资质证书》，即取得了岗位资格。培训所使用的教材，是由建设部统一组织编写的项目经理培训教材。

自2000年开始，建设部统一部署了项目经理继续教育，取得"全国建筑施工企业项目经理资质证书"的项目经理，必须接受按统一的培训提纲进行的继续教育培训，并把接受继续教育列入对项目经理资质进行检查的内容。

（六）大力推进施工项目管理规范化

为了不断丰富和完善建设工程项目管理的理论，以指导项目管理实践的进一步深化和发展，建设部以"建建工［1996］27号"文发布《关于进一步推行建筑业企业工程建设项目管理的指导意见》，总结8年实践中的经验和教训，提出了19条规范性的意见，对统一认识，端正方向，促进施工项目管理产生了重大作用。

1999年初，中国建筑业协会工程项目管理专业委员会召开了"工程项目管理专题研讨会"并发布会议纪要。在贯彻19条规范性指导意见的基础上，对项目经理部的组建，企业管理层、项目管理层和劳务作业层的关系，项目经理责任制，项目成本核算制，项目经理的地位与合法权利，完善项目经理资质认证管理等问题，提出了规范性意见。

从2000年3月开始，根据建设部建筑管理司和标准定额司的指示，由中国建筑业协会工程项目管理专业委员会组成了《建设工程项目管理规范》编写委员会编写规范，该规范于2002年5月1日实施。它不但使我国的施工项目管理走上了规范化的道路，而且作为施工项目管理发展的里程碑，把中国的施工项目管理提高到一个崭新的高平台上，开启了新的发展历程。

三、我国推行施工项目管理制度的特点

我国的建设工程施工项目管理已经成为一项在全国范围内推行的重要建设管理制度。

与国际上的施工项目管理相比较，体现了以下重要特点：

（一）向国际惯例学习

我国实行计划经济 30 年，工程管理的做法与进行施工项目管理的国际惯例大相径庭。20 世纪 80 年代初改革开放后，我国既要出国进行工程承包和综合输出，又要与在我国的投资商和承包商协作，因此必须实施施工项目管理。所以说，我国的施工项目管理是走出去和向请进来的客人学习的。在这方面，学习世行投资的"鲁布革水电站工程"的建设经验是最典型的体现。正是在这个工程上，我国学习了工程建设监理和施工项目管理，并在 1988～1993 年中进行了施工项目管理试点，为全国全面推行这两种项目管理打下了基础。至于项目管理专家和学者在国际间的往来、学习和学术引进就更为频繁，受益更大。

（二）在改革中发展

在计划经济向市场经济的转化中学习和推行施工项目管理，必须进行深层次的管理体制改革。在计划经济下，依靠政府的权力进行集中管理，企业没有管理自主权，管理层和作业层合一，建制固定，项目上的管理力量十分软弱，建设效果和经济效益长期在低水平上徘徊。这样的管理体制与施工项目管理需要的条件是不相容的。实行施工项目管理本身是一项重大改革，而不进行相应体制的配套改革，施工项目管理也就不具备条件。所以我国推行施工项目管理是与管理体制改革同步进行的。1987～1993 年的 7 年中，建设部为了推行施工项目管理，共选择两批共 68 家企业进行改革试点，先后召开了三次研讨会，试点的成果和研讨的观点都及时推向广大施工企业，为我国施工企业的体制改革奠定了基础，为施工项目管理的发展指明了方向。与此同时，建设工程监理体制也已建成，形成了建设市场中买方、卖方和中介方完备的主体系统，改变了业主自营的和政府直接指挥的建设方式。

（三）政府大力推进

市场经济国家是在市场经济体制下自发产生施工项目管理。我国是在计划经济体制向市场经济体制转化过程中推行施工项目管理的，是在政府的领导和推动下进行的，因此，有规划、有步骤、有法规、有制度、有号召，力度很大，既轰轰烈烈，又扎扎实实，使变革的速度加快，施工项目管理水平提高得也很快。在短短的 10 年中，便赶上了施工项目管理的国际水平，并形成了有特色的发展模式、理论体系和方法体系。我国施工项目管理的政府推进主要表现如下：

第一，政府号召学习鲁布革工程的施工项目管理经验，形成了"鲁布革冲击波"，以此启动了中国的施工项目管理。

第二，政府做出了项目管理的发展计划。对建设工程监理来说：1988～1993 年进行试点；1993～1996 年稳步推广；至 2000 年达到行业化、科学化、制度化、国际化的水平。对施工项目管理来说，1988～1993 年试点，1993 年以后全面推广，逐步形成"四个一"，即"施工项目管理的一套理论和方法体系"、"一支专家队伍"、"一大批典型的成功工程"和"一代工程施工新技术"。

第三，政府制定法规和发出指示。建设工程监理和施工项目管理，国家和地方建设行政主管部门均设置了专门的主管机构，根据发展的需要，不断制定发布具有强制性的部门规章和指示。目前，建设工程监理已经纳入《建筑法》，发布了《建设工程监理规范》；施工项目管理也包含在《建筑法》中，也将发布相关规范。

第四，由政府领导监理工程师和施工项目经理的培训，并建立注册执业资格制度。

（四）教育与培训先导

成功的管理依靠高素质的人才。习惯了计划经济体制的我国工程管理人员对施工项目管理知识的了解基本是从零开始的，所以岗前教育与培训必须摆在先导的位置。国家建设行政主管部门做出决定，建设工程监理人员和项目经理必须首先接受培训，取得培训合格证后方准进入该项管理岗位。国家统一编写了系列教材，培训了师资，认定了培训学校，在培训中实行了"两个坚持"、"三个结合"、"四个统一"、"五个严格"，即坚持教师授课满学时，坚持学员听课出满勤；与国际惯例结合，与实践结合，与市场及企业的需要结合；统一教材，统一师资，统一教学大纲，统一考试题库；严格组织教学，严格培训质量，严格教学时间，严格考试发证，严格收费标准。经过1992年至今的培训，已经由接受培训的人员组成了以数十万人计的工程建设监理人员和施工项目经理两支庞大专业队伍，构成了施工项目管理的坚实支柱。为了不断提高两支队伍的素质，国家建设行政主管部门还指令每人每年必须接受规定学时的继续教育，并进行年检，这就使得施工项目管理人员可以跟上发展的形势，适应施工项目管理不断提高水平的需要。

（五）学术活动十分活跃

对施工项目管理知识、理论方法的学习、研究、交流和实践，需要具有良好的学术氛围，从20世纪80年代开始，中国就开展了十分活跃的施工项目管理学术活动，具体主要表现在以下方面：

第一，请留学归来的专家讲学，派出留学人员学习；

第二，频繁邀请境外专家来华讲学；

第三，组织或参与国际间的施工项目管理交流活动；

第四，在大学里设立工程管理专业，在工程专业中广泛设立项目管理课程；

第五，设立专项研究课题进行学术研究和攻关；

第六，大量编著施工项目管理书籍、教材和手册，翻译境外的施工项目管理书籍和教材，目前已有几十种此类书籍；

第七，出版工程项目管理学术杂志，设立论坛、经验交流、专家风采、工作指导等众多栏目，作为施工项目管理的学术传媒；

第八，成立项目管理学术团体，团结业内人士进行学术研究，传播学术知识，组织学术活动，培训项目经理，成为施工项目管理事业发展的纽带和桥梁。

（六）典型引路

我国为引导施工项目管理事业的发展树立了两种典型：一种是工程管理典型；另一种是个人典型。典型的施工项目管理经验被总结出来，通过参观、交流、宣传，便具有榜样的作用，成为学习的典型。各地区、各行业不断涌现新的工程典型，诸如京津塘高速公路、北京国际贸易中心、京九铁路、深圳天安大厦和地王大厦、北京东方广场、天津体育中心、广州世贸中心、葛洲坝水力枢纽、上海大剧院、上海金茂大厦等工程，均创造了典型的工程项目管理经验和建设经验。在典型个人方面，中国每两年评选一次全国范围的优秀项目经理，至今已经有了666名这样的典型，特别是1999年6月，建设部做出了决定：在全国范围内广泛深入地开展学习宣传优秀项目经理范玉恕先进模范事迹的活动，为全国的项目经理树立了光辉的榜样。优秀项目经理均在工程建设中和工程项目经理岗位上做出了成绩，是优秀的管理者，是富于进取精神的创新者，是提高施工项目管理水平的骨干力量和带头人。

（七）努力实现施工项目管理规范化

由于我国已经积累了丰富的施工项目管理经验，有了大量的理论、方法和管理体制创新，颁发了许多与施工项目管理有关的法律、法规和部门规章，因此，具备了进行施工项目管理规范化的基础。只有做到施工项目管理规范化，才能总结经验，肯定和发扬创新成果，更好地执行法规，使施工项目管理在统一的基础上进一步发展，获得最佳的秩序和效益。因此，建设工程监理和施工项目管理近两年来便在建设行政主管部门的领导下进行规范化。发布规范以后，我国将在新的基础上发展施工项目管理，取得更大的建设效益。这也是我国改变管理后进状态的一项筹码。

（八）产生了有益的连锁效应

我国的施工项目管理已经成为工程建设的主导模式，它的作用是巨大的，且产生了巨大的连锁效应，表现在以下几个方面：

第一，促进了建设体制的改革，使之适应市场经济的要求；

第二，加快了建筑市场的培育、发展和不断完善；

第三，培育了管理者队伍，提高了管理者的素质，加强了集约化管理，迅速实现着计算机化管理；

第四，使我国的工程建设综合技术水平上升到新的平台，接近了世界先进水平；

第五，为我国工程市场与国际工程市场对接、我国管理模式与国际管理模式对接创造了条件，为我国加入 WTO 后的竞争与发展创造了优势条件；

第六，使中国的工程建设综合效益大大提高，主要表现在：工程质量水平进一步提高；工程建设速度进一步合理；工程投资的效果进一步好转；工程建设资源逐步实现优化配置；建筑业企业的经济效益不断提高。

四、施工项目管理与建立现代企业制度

现代企业制度是以"适应市场经济要求，产权清晰、责权明确、政企分开、管理科学"为特征的企业制度。建立现代企业制度的目的是使企业按市场法则运行，形成社会主义市场经济体制的基础，进而使市场经济体制对企业的资源配置发挥基础性作用。建立现代企业制度是企业改革的方向。

施工项目管理是建筑业企业对某项具体建设项目的施工全过程的管理，其范围包括：投标承包、签订施工合同、施工准备、组织施工、竣工验收。其目的是有效地实现施工项目的施工合同目标，使企业取得经济效益。施工项目管理实施阶段的主体是建筑业企业所属的项目经理部。

实行施工项目管理，要求建立现代企业制度。施工项目管理是现代企业制度的重要组成部分。建筑业企业建立现代企业制度必须进行施工项目管理。只有搞好施工项目管理才能够完善现代企业制度，使之管理科学。施工项目管理是现代企业生产制度。具体分析两者的关系，主要表现在以下几方面。

（一）进行施工项目管理要求建立现代企业制度

进行施工项目管理，要求一系列条件，必须通过建立现代企业制度创造施工项目管理的条件。

（1）通过建立现代企业制度为施工项目管理创造市场条件。施工项目产品也是商品。施工项目管理既管施工过程，也管施工结果。施工项目的生产和销售离不开市场，施工项目管理必须以市场为"舞台"。从生产来讲，建筑业企业要从市场上取得项目所需的生产要素，进行资源配置，形成生产能力；从销售来讲，建筑业企业要通过投标竞争，从市场上取得施工项目的承包权，又根据市场经济条件下履约经营的要求，通过签订项目承包合同明确承发包双方的关系，最后以验收交工的方式实现项目"销售。"因此，施工项目管理是市场化的管理，市场是施工项目管理的环境和条件。企业是市场的主体，又是市场的基本经济细胞。细胞活，主体行为规范，市场才能发育和运行。建立现代企业制度，可以搞活企业，规范企业行为，使企业按市场法则运行，形成社会主义市场经济体制的基础，让市场在企业资源配置上起基础作用。

（2）建立现代企业制度，确立企业法人财产权，使产权主体多元化、社会化，使资产所有者和资产经营者分离、管理层和作业层分离。这样，企业可以真正做到自主经营、自负盈亏、自谋发展、自我完善，具备进行施工项目管理的组织条件。因为，企业进行施工项目管理，要求政企分开，两层（企业管理层和劳务作业层）分离，按照项目的特点建立项目经理部。项目经理部能够按合同要求独立地实现各项目标。不建立现代企业制度，企业便不能彻底摆脱计划经济体制的束缚，便没有真正的自主权，便无法进行项目管理。

（3）建立现代企业制度，包括了建立现代企业管理制度，其中有财务制度、劳动人事制度、分配制度及施工管理制度等，用以调节所有者、经营者和生产者之间的关系，形成激励和约束相结合的经营机制，有利于资源优化配置和动态组合的项目管理机制，从而极大地调动职工的生产积极性，最优地实现生产力标准的要求。所以，建立现代企业制度可为进行施工项目管理创造制度上的条件。

（二）施工项目管理是建筑业企业现代企业制度的重要组成部分

建筑业企业建立现代制度，目的是缔造建筑市场的基础，确立建筑业企业独立的生产商品的承包商地位。根据现代企业制度的特点要求，建筑业企业建立现代企业制度有以下内容，且每项内容均与施工项目管理有密切关系。

（1）完善企业法人制度，确立法人财产权，对企业进行公司制改造，可以使建筑业企业真正成为独立的商品生产者，摆脱企业作为国家行政机构附属物的地位。于是建筑业企业便可以自主地参与市场竞争，从市场上获得施工项目，以卖方的身份与建设单位签订施工合同。企业在施工项目中自担风险，自我约束，按照市场供求关系和价值规律谋求利益最大化，实现企业的自我发展。

（2）现代企业制度要求建立现代治理结构。施工项目管理对企业的治理结构提出了很高的要求，例如要求建立项目经理部，以加强劳务作业层；要求项目经理部与企业管理层分开，使经营管理层强化经营和企业管理，项目经理部强化项目管理；要求企业法人代表向项目经理授权，由项目经理作为企业法人代表的授权代理人负责施工项目的管理；要求企业为施工项目的资源配置提供服务。

（3）建立与现代企业制度相适应的财务制度、人事制度、分配制度和施工管理制度。项目经理部是企业的组成部分，亦应在企业制度约束下运行，按需要建立相应的制度，重点是项目经理部的财务制度、分配制度和施工管理制度，尤其是后两者。而施工管理制度的重点应是质量管理制度、进度管理制度、成本核算制度和安全保障制度。建立各种制度都应注意与市场经济的要求相适应，彻底摆脱计划经济体制弊端的束缚。

（4）建立新的生产经营方式。对企业来说，新的经营方式体现履约经营、规模经营（集团化经营和专业化经营）和多元化经营的特点。对项目管理层来说，它是一种生产方式，同时也进行履约经营，即承包到手的工程，都要按照合同条件签订具有法律效力的、可以约束项目管理全过程行为的合同文件，在项目实施中加强合同管理，按照合同办事，以合同规范行为，强化索赔意识，提高索赔水平，保持好自身的合法利益等等。

（5）以施工项目管理为重点，实现现代企业制度"管理科学"的要求。因此要总结十几年来我国进行施工项目管理的经验，吸收国外进行施工项目管理的精华，规范施工项目管理的思想、组织、方法和行为，建立起我国施工项目管理的崭新科学体系，构成现代企业制度的重要组成部分，使施工项目管理成为建筑业企业现代化的基础，发挥建筑业企业的生产力，极大地提高建筑业企业的经济效益。

（三）切实进行科学的施工项目管理，以实现现代企业制度的"管理科学"化

（1）每个建筑业企业都应具有一批素质符合要求的施工项目经理。项目经理是受企业法定代表人委托负责施工项目管理的核心人物，是项目实施的最高责任者和组织者，在项目管理中起决定性作用。因此，项目经理的素质便决定着施工项目管理的水平。项目经理应具有政治领导、知识、能力和体质等各方面的合格素质。在现代企业中，应该有一批在企业经营管理人员中占规定比例的人才，能够接受企业法定代表人的委派，担负起对施工项目进行科学管理的任务。因此，施工项目经理的产生要按规范化的程序，有计划地进行选拔、培养与培训。要坚持持证上岗，按工程的规模和管理科学化的需要委派项目经理。项目经理人选确定后，企业法定代表人要按规定和需要授予充分的权力，使之具备进行项目管理的条件。

（2）企业进行两层分离，强化企业管理层和劳务作业层，提高企业的项目管理能力。在两层分离后，公司与项目之间构成的矩阵制组织。以矩阵制组织实现市场化的、弹性的用人制度。应防止项目经理部成为固化的组织结构，更不应形成企业的一个固定行政层次。

（3）实行施工项目资源配置市场化，发挥市场机制对优化项目资源配置的作用。应使项目经理部有一个适当的市场环境，以利于降低工程成本，提高工程质量，加快施工速度。应由企业或社会承担的劳动保险、离退休费用，不分配给项目管理层，政工、人事由企业统筹负责。这样，使得项目经理部减轻负担、精干机构、集中精力于施工项目的管理，以提高工作效率。

（4）在施工项目管理中大力推行行之有效的现代管理技术。国际上有惯例或成功的技术，我国经过了十多年的引进和开发，也已有了相当多的经验和创造。因此，随着现代企业制度的建立，应使施工项目管理中应用现代管理技术方面有一个大的进步，乃至实行一次飞跃。

在合同管理方面，应在规范、强化招投标行为的基础上，大力推行 FIDIC 所制定的《土木工程施工合同条件》，执行我国的合同法，加强合同签订的可靠性和合同执行中的变更管理，掌握和应用索赔技术，充分发挥合同在市场经济的履约经营中的作用。

在质量管理方面应按"GB/T 19000（19001，19004）—2000"的规定，在建立建筑企业质量体系的基础上，针对施工项目的特点建立施工项目质量体系，扎扎实实地推行全

面质量管理，把管理的重点转移到产品（项目）上来。

在进度管理方面，要在加强预测和决策的基础上，编制施工项目的滚动式计划，采用网络计划的形式并组织流水作业，绘制"S"形曲线或"香蕉"曲线，以方便进度计划执行情况的检查和计划的调整。在使用网络计划时，执行《网络计划技术》国家标准（GB/T 13400.1~3—92）和《工程网络计划技术规程》行业标准（JGJ/T 121—99），按照"GB/T 13400.3—92"的规定程序在施工项目管理中科学地应用网络计划技术。应加强施工项目进度和工期的科学决策和动态管理，以实现项目的合同工期为宗旨，尽量扭转计划经济条件下进度控制主观随意性的倾向。

在成本管理方面应按照根据《企业财务通则》和《企业会计准则》颁发的《施工企业财务管理制度》和《施工企业会计管理制度》，加强施工项目的成本预测、成本计划、成本动态控制、成本核算和成本分析各环节，努力在承包成本和计划成本的基础上降低实际成本，以增加经营利润。降低成本必须通过设计技术组织措施事先规划。采取措施应以组织措施（或称管理措施）为主。降低成本的对象应重点放在材料费上，降低材料费应利用市场，减少材料的购进成本。要应用价值工程原理科学地寻找降低成本的途径。利用量本利方法分析工程量、成本和利润的关系，以利润目标的实现为目的对成本进行控制。把成本分析作为成本管理的关键环节对待，通过成本分析寻找和克服薄弱环节，不断提高施工项目的成本管理水平。

在安全管理方面，应把它同质量管理一样，放在施工项目管理的第一位。它是一项非常重要的目标管理，且是惟一涉及生产人员人身安全的目标管理，应给予高度重视。安全管理的关键在于安全思想的建立、安全组织（安全保证体系）的建立、安全教育的加强、安全措施的设计，以及对人的不安全行为和物的不安全状态的控制。随着市场经济的发展，应在安全管理中引进风险管理技术，加强劳动保险工作以转移风险，减少损失。

在信息管理方面，其重要性应进一步强调。企业应建立项目信息中心，开发科学的"施工项目信息管理系统"应用到施工项目管理中去。充分发挥计算机在数据处理和信息传递中的作用，做到施工项目管理手段电子化。在计算机辅助管理迅速发展的今天，这是不难做到的事，而且应下决心，肯投入，迅速实现。

五、施工项目管理的地位和作用

经过 10 多年来的实践，我国对施工项目管理的地位和作用已经得到共识和升华。

（一）施工项目管理是国民经济基础管理的重要内容

我国工程建设取得了重大成就，这些成就是靠项目管理来完成的。施工项目管理的好坏直接影响到一个国家或地区的经济效益、社会效益和环境效益。

（二）施工项目管理是建筑业成为支柱产业的支柱

振兴建筑业，使之成为支柱产业，依靠"质量兴业"是一个十分重要的方面。而提高工程质量，关键靠加强管理，提高项目管理水平。建筑业要成为支柱产业，必须有作为，有作为才能有地位。尤其是在市场条件下，建筑业必须为社会、为人类做出自己的贡献。若要多做贡献没有科学有力的施工项目管理是难以办到的。

（三）施工项目管理是工程建设和建筑业改革的出发点、立足点和着眼点

建筑业已经进行和正在进行的各项改革，包括进行股份制改革、实行总承包方式、采用 FIDIC 合同条件、等同采用 ISO9000—2000 等三个质量管理体系标准、安全方面执行

国际劳工组织 167 号公约、推行建设工程监理、造价管理改革等，都要落实到项目上。如果一项改革不利于施工项目管理，不能提高工程项目的效益，那么这项改革是无效的。

（四）施工项目管理是建筑业企业的能量和竞争实力的体现

建筑业企业在市场经济条件下，要敢于承认自己是承包人，从作为"完成任务的工具"向承包人转变。没有竞争实力就不能在市场竞争中取胜。企业的能量和竞争实力要体现在企业的各个要素上，体现在各个要素的组合和运行上，最根本的是要体现在项目上。企业经营和项目管理两者之间存在着紧密的关系，表现在五个方面：

第一，企业经营和项目管理存在着同一性。企业经营是目的，项目管理是手段，即两者的目标是同一的，都是以积累求得企业的发展。

第二，企业经营和项目管理都存在着市场性。它们都要面向市场，研究市场的特点。建筑市场是先有交易后有商品。一般商品在生产阶段买主并不参与管理，而建筑产品生产，甲乙双方都要投入生产阶段的管理，生产和交易是分不开的。建筑市场中，生产和交易并存；生产过程中既有生产行为，又有交易行为。工程的社会性很强，除甲乙方关系之外，与社会的关系很多，涉及到各行各业的发展和人民生命财产安全。

第三，企业经营和项目管理都有专业性，都需要一批专门化的人才。经营需要企业家，管理需要管理专家，要以人才求得事业发展。

第四，企业经营和项目管理都有自主性。企业要自主经营，项目要自主管理，要立足于找内因、练内功、挖内潜。自主性是企业练内功，求得竞争实力的前提，也是项目管理成功的前提。

第五，企业经营和项目管理存在着国际性。要将国际上建筑业企业的经营管理方式和手段都为我所用。我国建筑业要走向世界建筑市场，外国的承包商在我国加入 WTO 后会更容易、更方便地进入我国；我国建筑业企业也将更容易、更方便、更有组织地打到国外去。

（五）项目管理是一门科学，它将随着社会的进步而进步，随着经济的发展而发展

项目管理学科是管理科学的一个分支，是管理科学在当代的发展。这个学科是综合性的学科，即具有多学科性。学科的理论既有社会科学，又有自然科学。就自然学科来说，又囊括了许多方面。其应用性特别强，模式多样，正在不断发展中。

加强项目管理理论的研究、国际交往和交流，是建筑业扩大开放的需要。要研究建立现代企业制度与项目管理的关系，研究 BOT 方式下的项目管理方式，研究如何有利于项目管理，进行现代企业制度下生产方式的变革，研究市场条件下的项目管理，研究技术进步与项目管理，还有项目管理规范化、项目经理职业化、项目管理手段现代化问题。

（六）加强项目管理是各级建设主管部门和建筑市场各主体单位所共同面临的突出的紧迫任务

目前，我国项目管理存在着传统的习惯。项目管理学科理论上存在着一个过大的局限性，特别是部门所有制的局限性和经营实力的局限性。项目管理理论现状还存在着不规范性，即随意性、不科学。还有"淡化管理"、"无序管理"、"低效管理"、"以包代管"、"以奖代管"等等。因此，要解决这些问题，强化项目管理。

要进行项目管理职业化建设，包括发展项目管理中介组织，进行职业人才的培训和管理。要进行职业化建设方面的法律和法规建设。要纠正市场经济中的误区，对薄弱环节加

强管理。各级建设主管部门应有责任感、紧迫感、危机感，提高管理效率，把各项改革工作落实下去。要下决心搞好项目管理，振兴企业和建筑业。

第三节 施工项目管理的内容与方法

一、施工项目管理的指导思想

（一）科学技术是第一生产力的思想

项目管理是一门应用科学。30 多年来各国（包括我国）科技工作者潜心研究和实践，已经使项目管理这门应用科学具有了一套较完整的理论体系和方法体系，并且用以指导项目管理活动，使大量的大型、中型和小型项目获得了成功，因此使项目管理这门科学在世界上得到公认。说项目管理是一门科学，是因为它反映了项目运动和项目管理的客观规律，是在实践的基础上总结、研究出来的，又可用来指导实践活动。项目管理既依靠技术，又为技术性很强、含量很高的工程建设服务。因此进行施工项目管理，必须坚持科学技术是第一生产力的观点，学习项目管理理论，在项目上把各种生产要素合理组织起来，加强项目实施过程中的目标控制、协调和动态管理，使设计出来的项目通过施工活动和项目管理活动的共同作用，实现最终产品。传统的经验管理和计划经济条件下的行政管理模式，其科学性不足，随意性有余，不利于生产力的形成，必须改革。研究、实践、创新、发展项目管理理论，使之形成强大的生产力，是项目管理的首要指导思想。

（二）依靠市场，推动市场发展的思想

我国正在建立社会主义市场经济。市场经济是用市场关系管理经济的体制。这种体制的基本特征是利用市场运动规律实行社会资源的分配。发展市场经济的实质是解放生产力。我们推行的施工项目管理，是市场经济的产物。市场是施工项目管理的载体与环境，没有市场经济，也就没有施工项目管理；施工项目管理要取得成果，就必须充分依靠市场经济条件下的建筑市场；施工项目管理应在发展建筑市场方面起推动作用等等，这些就是我们实行施工项目管理的指导思想。施工项目管理的实践证明了这一指导思想的实际意义。施工项目是在市场中产生的，施工企业通过市场竞争（投标）取得施工项目，在市场的大环境下实施，在实施中不断从市场上取得生产要素并进行优化组合，认真地进行履约经营。施工项目的竣工、验收、交工、结算等，实质上是建筑市场的一种特殊交易行为。进行施工项目管理，应尊重市场经济条件的竞争规律、价值规律、市场运动规则等，既尊重、利用和依靠市场，又建设和发展市场，靠市场取得施工项目管理效益。

（三）系统管理的思想

建设项目是一个系统，施工项目是其中的一个分系统。如果把施工项目管理作为一个大系统，则其中又包含了许多分系统，如：组织管理系统、经济管理系统、技术管理系统、质量管理系统等等。所谓"系统"，是由多维相关体组成的一个整体。建立系统管理的思想，就是要真正认识到，施工项目管理是系统性的管理，必须重视它与总系统及同等级别的子系统的关系，也要重视本系统内部各子系统之间的关系，重视相关管理，特别要重视各系统之间的"结合部"的管理，它是项目和项目管理的重点和难点，是项目经理协调管理的工作焦点。施工项目管理利用系统的方法，就是进行分析和综合的方法。善于对大系统进行分解和分析，找出结合部和管理的焦点，然后制订措施，实施管理和控制，也要善于使分解系统目标的实现对大系统目标的实现起保证作用，使局部不脱离全局，各子系统目标综合成完整的总目标体系，提高管理绩效，发挥整体功能。

总之，在施工项目管理中坚持系统管理思想，就是贯彻四项原则：第一是目标体系的整分合原则，既在高度分解的基础上进行高度综合，从而实现专业化，以求高质量和高效率；又通过进行高度的系统综合提高管理绩效，发挥整体功能。第二是协调控制的相关性原则，即协调和控制各项管理工作之间的关系、各生产要素之间的关系，目标和条件的关系，保证系统整体功能的优化。第三是整体功能的有序性原则，即施工项目和施工项目管理在时间上、空间上、分解目标上、实施组织上都具有有序性，必须尊重这种有序性才能保证施工项目管理的成功。第四，应变能力的动态性原则，即要随时预测和掌握系统内外各种变化，提高应变能力以取得工作的主动权，加强战略研究以取得驾驭未来的主动权。

（四）树立现代化管理的思想

现代化管理，即科学化管理，把管理当作科学加以研究和应用。科学技术发展到现在，足以使施工项目管理实现高度科学化，并服务于管理的现代化。

现代化的管理思想，一是管理观念的现代化，二是管理原理的科学化。

现代化的管理观念，已经突破传统的生产性内向管理观念，强调经营性外向管理观念，从这个前提出发，在进行施工项目管理中，第一要强调战略观念，即全面系统的观念和面向未来的发展观念。面向未来，包括市场的未来、技术的未来、组织的未来和施工项目管理科学的未来。第二是市场观念，即要搞好施工项目管理，首先要了解市场，其次要以自身的优势去占有市场、赢得市场。第三是用户观念，即一切为了用户的观念，全心全意地为用户服务，以对用户高度负责求得信誉，以信誉求得项目管理的成功。第四是效益观念，即进行施工项目管理要精打细算，减少投入；在进行产品交易以后，所获得的收益要大于投入，形成利润，为此要首先赢得市场和信誉，向管理求效益。第五是竞争观念，即以质量好、工期合理、服务周到、造价经济取胜。有市场就有竞争，有竞争就要加强管理，进行目标控制，取得竞争的优势。因此树立竞争观念必然会促进施工项目管理提高水平。第六是时间观念，即要把握决策时机，缩短施工工期，加快资金周转，讲究资金的时间价值，讲究工作效率和管理效率，从而赢得时间，赢得效益。第七是变革和创新观念，即没有不变的施工项目管理模式，要根据工程和环境的变化进行调整和变革，故要讲预测，有对策。光有变革观念不成，还要有创新观念。赢得竞争胜利的关键在创新，广泛采用新工艺、新技术、新材料、新设备、新的管理组织、方法和手段。

现代科学管理原理对施工项目管理而言是指具有根本指导性的道理，它是施工项目管理必须遵守的，贯穿全过程的。主要包括系统原理、分工协作原理、反馈原理、能级原理、封闭原理和弹性原理等。系统原理就是施工项目管理要实施系统管理。分工协作原理是说管理要分工，以提高效率；但也要讲协作，使分工不失有序，不离整体。反馈原理即对生产和管理中的偏差信息反馈到原控制系统，使它影响管理活动过程，进行有效控制，实现管理目标。能级原理是说在施工项目管理中，管理能力是随管理组织的层次而变化的。因此要根据能级确定责权利，分别确定目标，以发挥每个能级人员的作用。封闭原理是说管理活动是循环活动，该循环按 P（计划）、D（执行）、C（检查）、A（处理）的顺序展开，并在管理的整个过程中不断循环。必须指出，不进行每个循环的封闭，则不是完整的管理，因而也不是有效的管理。弹性原理指管理活动必须保持充分的弹性，以适应客观事物各种可能的变化，有应变打算，不搞绝对化。计划工作中的"积极可靠，留有余地"就是应用弹性原理的典型。

二、施工项目管理的内容

在施工项目管理的全过程中，为了取得各阶段目标和最终目标的实现，在进行各项活动中，必须加强管理工作。必须强调，施工项目管理的主体是以施工项目经理为首的项目经理部，管理的客体是具体的施工过程。

（一）建立施工项目管理组织

（1）由企业采用适当的方式选聘称职的施工项目经理。

（2）根据施工项目组织原则，选用适当的组织形式，组建施工项目管理机构，明确责任、权限和义务。

（3）在遵守企业规章制度的前提下，根据施工项目管理的需要，制订施工项目管理制度。

（二）编制施工项目管理规划

施工项目管理规划是对施工项目管理目标、组织、内容、方法、步骤、重点进行预测和决策，做出具体安排的文件。施工项目管理规划的内容主要有：

（1）进行工程项目分解，形成施工对象分解体系，以便确定阶段控制目标，从局部到整体地进行施工活动和进行施工项目管理。

（2）建立施工项目管理工作体系，绘制施工项目管理工作体系图和施工项目管理工作信息流程图。

（3）编制施工管理规划，确定管理点，形成文件，以利执行。

（三）进行施工项目的目标控制

施工项目的目标有阶段性目标和最终目标。实现各项目标是施工项目管理的目的所在。因此应当坚持以控制论原理和理论为指导，进行全过程的科学控制。施工项目的控制目标有以下几项：①进度控制目标；②质量控制目标；③成本控制目标；④安全控制目标。

由于在施工项目目标的控制过程中，会不断受到各种客观因素的干扰，各种风险因素有随时发生的可能性，故应通过组织协调和风险管理，对施工项目目标进行动态控制。

（四）对施工项目施工现场的生产要素进行优化配置和动态管理

施工项目的生产要素是施工项目目标得以实现的保证，主要包括：人力资源、材料、设备、资金和技术（即 5M）。生产要素管理的内容包括三项：

（1）分析各项生产要素的特点。

（2）按照一定原则、方法对施工项目生产要素进行优化配置，并对配置状况进行评价。

（3）对施工项目的各项生产要素进行动态管理。

（五）施工项目的合同管理

由于施工项目管理是在市场条件下进行的特殊交易活动的管理，这种交易活动从招投标开始，并持续于项目管理的全过程，因此必须依法签订合同，进行履约经营。合同管理的好坏直接涉及项目管理及工程施工的技术经济效果和目标实现。因此，要从招投标开始，加强工程施工合同的签订、履行和管理。合同管理是一项执法、守法活动，市场有国内市场和国际市场，因此合同管理势必涉及国内和国际上有关法规和合同文本、合同条件，在合同管理中应予高度重视。为了取得经济效益，还必须注意搞好索赔，讲究方法和技巧，提供充分的证据。

（六）施工项目的信息管理

现代化管理要依靠信息。施工项目管理是一项复杂的现代化的管理活动，更要依靠大量信息及对大量信息的管理。施工项目目标控制、动态管理，必须依靠信息管理，并应用电子计算机进行辅助。

（七）组织协调

组织协调指以一定的组织形式、手段和方法，对项目管理中产生的关系不畅进行疏通，对产生的干扰和障碍予以排除的活动。在控制与管理的过程中，由于各种条件和环境的变化，必然形成不同程度的干扰，使原计划的实施产生困难，这就必须协调。协调要依托一定的组织、形式和手段，并针对干扰的种类和关系的不同而分别对待。除努力寻求规律以外，协调还要靠应变能力，靠处理例外事件的机制和能力。协调为顺利"控制"服务，协调与控制的目的都是保证目标实现。

三、施工项目管理方法

（一）施工项目管理方法应用的特征

1. 选用方法的广泛性

工程项目管理的发展过程，实际上是其管理理论和方法继承、研究、创新和应用的过程。管理理论发展到现在，已经形成了以经营决策为中心、以计算机的应用为手段、应用运筹学和系统理论的方法，结合行为科学的应用，把管理对象看做由人和物组成的完整系统的综合管理，即现代化管理。因此，施工项目管理所使用的方法是现代化管理方法。凡是现代化管理方法，均可在施工项目管理中有针对性地选用。这是因为，现代化管理方法具有科学性、综合性和系统性，可以适应施工项目管理的需要。这里所说的科学性，是指现代化管理方法是生产、技术和管理知识体系在管理中的具体应用方法，它本身就是为各种管理服务的。这里所说的综合性有两层含义，一是某种管理方法可以应用到不同的专业中，甚至全部管理工作中；二是某一管理领域可以综合运用各种现代化管理方法，使之互相补充，发挥系统配套的整体功能。这里所说的系统性是指各种科学管理方法形成一个大系统，各项具体管理活动的管理方法形成子系统，大系统和子系统都是由许多种现代化管理方法形成的组合，并且互相联系和依存。施工项目管理方法自成体系，其方法又包括在大体系之中。

2. 施工项目管理方法服从于项目目标控制的需要

由于施工项目的一次性所产生的施工项目管理方法的特殊性，是这些方法必须满足目标控制的需要。施工项目目标控制集中为四大项，即进度目标、质量目标、成本目标和安全目标。各种目标控制有各自的专业系统方法，也就是说，某些方法对某种目标控制特别适用、有效，另一些方法则不适用于这项目标控制。但是某种方法由于有综合性，可以被几种目标控制方法系统纳入。例如合同管理方法，适用于所有的目标控制。我们在对某种目标进行控制时，必须首先选用适用的方法体系。

3. 施工项目管理方法与建筑业企业管理方法紧密相关

建筑业企业的管理方法，是针对建筑业企业的施工、生产和经营活动的需要而选用的方法体系。建筑业企业的主业是施工项目任务的完成，其经营管理必须以施工项目为中心，于是建筑业企业的管理方法就与施工项目管理的方法关系密切了。但这不等于说建筑业企业经营管理方法全部适用于施工项目管理。建筑业企业经营管理的对象是建筑业企业这个组织及其全部活动；而施工项目管理的对象是施工项目及由项目经理部进行的管理活动。所以就管理方法而言既是母体系和子体系的关系，又是不同体系的交叉关系。项目管理方法和建筑业企业管理方法之间有结合部，只有结合部才表示了两个体系的相关性。例如量本利方法就处在结合部之中，而网络计划方法应在施工项目管理方法体系之内，市场预测和决策方法应在企业管理方法体系之中。

（二）施工项目管理方法的分类

（1）按管理目标划分，施工项目管理方法有进度管理方法、质量管理方法、成本管理方法、安全管理方法。

（2）按管理方法的量性分类，施工项目管理方法有定性方法、定量方法和综合管理方法。

（3）按管理方法的专业性质分，施工项目管理方法有行政管理方法、经济管理方法、管理技术方法和法律管理方法等。这是最常用的具体分类方法。

所谓行政管理方法，是指上级单位及上级领导人，包括项目经理和职能部门，利用其行政上的地位和权力，通过发布指令、进行指导、协调、检查、考核、激励、审批、监督、组织等手段进行管理的方法。它的优点是直接、迅速、有效，但应注意科学性，防止武断、主观、官僚主义和命令主义的瞎指挥。一般地说，用行政方法进行施工项目管理，指令要少些，指导要多些。项目经理应主要使用行政管理方法。

施工项目管理的经济方法是指用经济类手段进行管理，如实行经济承包责任制，编制项目资金收支计划，制订经济分配与激励办法以调动积极性，物资管理办法等。

施工项目的法律管理方法主要是通过贯彻有关建设法规、制度、标准等加强管理。合同是依法签订的明确双方权利、义务关系的协议，广泛用于施工项目管理进行履约经营，故亦属于法律方法。在市场经济中，这是最重要的法律管理方法。

施工项目管理中可用的管理技术方法是大量的。最重要的适用方法有：目标管理方法，网络计划方法，价值工程方法，数理统计方法，信息管理方法，线性规划方法，ABC分类方法，目标管理方法，行为科学和领导科学，控制论，系统分析方法等等。管理技术方法是管理中的硬方法，以定量方法居多，有少量定性方法，其科学性更高，能产生的管理效果会更好。

（三）施工项目管理方法的应用原则和步骤

1. 应用原则

施工项目管理方法是施工项目管理的灵魂和动力，在应用（选用）时首先应贯彻适用性原则，即首先要明确管理的目标，不同的管理目标分别选用有针对性的方法，并且要对管理环境进行调查和分析，以判断管理方法应用的可行性，可能产生的干扰和效果。其次，要贯彻灵活性的原则，即为了达到一定的管理目的必须灵活运用各种有效的管理方法，依据变化了的内部和外部情况，灵活运用管理方法，防止盲目、教条和僵化。第三，要有坚定性，即在应用管理方法时并非一帆风顺，会遇到各种干扰，如习惯性会产生对应用新方法的抵触，应用某种方法时可能许多条件限制较大，产生干扰或制约等，这时管理人员就应该有坚定性，克服困难，取得效果。第四，要有开拓性，研究如何为把某种管理方法应用好而进行开拓和创新。

2. 应用步骤

某种管理方法，尤其是现代化管理方法，要应用成功，必须有合理的应用步骤。合理的步骤应该是：

(1) 研究管理任务，明确其专业要求和管理方法应用目的。

(2) 调查进行该项管理所处的环境，以便对选择管理方法提供决策依据。

(3) 选择适用、可行的管理方法。选择的方法应专业对路，能实现任务目标，条件允许。

(4) 对所选方法在应用中可能遇到的问题进行分析，找出关键，制订保证措施。

(5) 在实施该选用方法的过程中加强动态控制，解决矛盾，使之产生实效。

(6) 在应用过程结束之后，进行总结，以提高管理方法的应用水平。

(四) 施工项目管理主要方法概述

施工企业项目管理的基本方法是"目标管理方法"（Management by Objective）。要完成其基本任务"目标控制"，必须依靠这项基本方法。然而，各项目标的实现还有其适用的最主要专业方法。进度目标控制的主要方法是"网络计划方法"；质量目标控制的主要方法是"全面质量管理方法"；成本目标控制的主要方法是"可控责任成本方法"；安全目标控制的主要方法是"安全责任制"。

1. 目标管理方法是项目管理的基本方法

施工企业项目管理的基本任务是进行施工项目的进度、质量、安全和成本目标控制。它们共同的基本方法就是目标管理方法。这是因为，目标管理方法是实现目标的方法。目标管理方法自 20 世纪 50 年代美国的德鲁克创建以来，之所以得到了广泛的应用，并被列为主要的现代科学管理方法，就是因为它在实现目标上的特殊功效。

目标管理是指集体中的成员亲自参加工作目标的制定，在实施中运用现代管理技术和行为科学，借助人们的事业感、能力、自信、自尊等，实行自我控制，努力实现目标。因此，目标管理是以被管理活动的目标为中心，把经济活动和管理活动的任务转换为具体的目标加以实现和控制，通过目标的实现，完成经济活动的任务。这就可以得出一个结论，即目标管理的精髓是"以目标指导行动"。目标管理是面向未来的管理，是主动的、系统整体的管理，是一种重视人的主观能动作用、参与性和自主性的管理。由于它确定了人们的努力方向，故是一种可以获得显著绩效的管理。管理的绩效 = f （工作方向·工作效率）。它被广泛应用于经济和管理领域，成为项目管理的基本方法。

目标管理方法应用于施工项目管理需经过以下几个阶段：首先，要确定项目组织内各层次，各部门的任务分工，提出完成施工任务的要求和工作效率的要求；其次，要把项目组织的任务转换为具体的目标，既要明确成果性目标（如工程质量、进度等），又要明确效率性目标（如工程成本、劳动生产率等）；第三，落实目标：一是要落实目标的责任主体，二是要明确责任主体的责权利，三是要落实进行检查与监督的责任人及手段，四是落实目标实现的保证条件；第四，对目标的执行过程进行协调和控制，发现偏差，及时进行分析和纠正；第五，对目标的执行结果要进行评价，把目标执行结果与计划目标进行对比，以评价目标管理的好坏。

这里有两个关键问题，一是目标的确定与分解。施工项目的目标首先是在业主与施工企业之间签订的合同中确定的。项目经理部根据合同目标进行规划，确定更积极的实施总目标。规划目标进行自上而下的三个方面的展开，即通过纵向展开把目标落实到各层次（子项目层次、作业队层次和班组层次）；通过横向展开把目标落实到各层次内的各部门，明确主次责任和关联责任；通过时序展开把目标分解为年度、季度和月度目标。如此，可将总目标分解为可实施的最小单位。二是责任落实。要把每项目标的主要责任人、次要责任人和关联责任人一一落实到位，并由责任人定出措施，由管理者给出保证条件，以确保目标实现。在实施目标的过程中，管理者的责任在于抓住管理点（关键点和薄弱环节），创造条件，服务到位，搞好核算，做好思想政治工作，按责权利相结合的原则，给予责任者以权和利，从而最大限度地调动职工的积极性，努力自下而上地实现各项目标。

2. 网络计划方法是进度控制的主要方法

网络计划方法因控制项目的进度而诞生，在诞生后的 40 年来成功地被用来进行了无数重大而复杂项目的进度控制。它自 20 世纪 60 年代中期传入我国以后，在我国受到了广泛的重视，用来进行了大量工程项目的进度控制并取得了效益。现在，业主方的项目招标、监理方的进度控制，承包方的投标及进度控制，都离不开网络计划。网络计划已被公认为进度控制的最有效方法。随着网络计划应用全过程计算机化（已实现）的普及，网络计划技术在项目管理的进度控制中将发挥越来越大的作用。为了普及网络计划及提高其应用水平，在项目管理中应注意以下几点：

第一，每个从事施工项目管理的人员都应当认真学习《工程网络计划技术规程》，用它指导以网络计划表示的进度计划的编制和施工进度控制，做到网络计划规范化，进度管理集约化。

第二，要在网络计划的应用中贯彻国家标准《网络计划技术在项目计划管理中应用的一般程序》（GB/T13400.3—92），严格按下述步骤进行工作：确定网络计划目标→调查研究→编制施工方案→分解施工项目的施工任务→进行逻辑关系分析→绘制网络图→计算工作持续时间→计算网络计划时间参数→确定关键线路→检查与调整→编制可行网络计划→优化→编制正式网络计划→贯彻→检查和数据采集→调整与控制→总结与分析。以此，做到进度管理程序化。

第三，大力推行先进适用的网络计划应用软件，努力实现网络计划应用全过程的计算机化，尤其要用计算机实行优化、调整和资料积累，并做到应用网络计划的各种信息与其他专业管理（如统计核算、业务核算、会计核算等）信息共享。

第四，克服畏难情绪，不断积累网络计划的应用经验，不断提高进度控制的水平。还要注意工程项目进度的动态控制，不搞一次性网络计划，要坚持在实施中不断调整和更新网络计划。计划多变并不可怕，可怕的是情况变化后将计划束之高阁而丧失应用的信心。而只有应用了计算机，才能做到计划调整科学化和及时化。

第五，摆正应用网络计划技术与应用流水作业理论的关系。两者具有对立和统一的关系，也有互补关系。所谓"对立"，是在表达方式上各有优缺点，即流水作业计划的一般表现形式是横道图，有时间参数一见便知、绘图简便等优点，也有工序间逻辑关系不易表达清楚的严重缺点；网络计划的表达方式有利于处理好复杂工程项目的逻辑关系，但需要经过一番计算才能得出全部可用时间参数，并不一目了然。所谓"统一"，是指网络计划也要应用流水作业原理中的"分段法"、"连续施工"、"工序持续时间计算"等理论，而网络计划也可以用时标表示，以克服其不能直观时间参数之缺点。所谓"互补"，是指两者可分别应用于不同的计划编制中。在编制简单工程计划、一次性计划、周期为月、季、年度计划时，可用流水作业的横道计划；在编制大型、复杂工程的计划、需进行动态调整计划时，还是以编制网络计划为宜。编制工程项目计划时，还是网络计划最为有利，因为它有利于处理复杂逻辑关系，有利于全过程地使用计算机操作，有利于集约化管理。说"横道计划与网络计划"互斥和"用网络计划取代横道计划"的说法和做法都是不正确的；"网络计划无用论"也是毫无道理的。

3. 全面质量管理方法是质量控制的主要方法

在我国 20 世纪 80 年代初兴起了推广全面质量管理方法（TQC）的热潮，持续了 10 多年，对推进我国各种产品质量水平的提高发挥了重大作用。至今，我们仍可以说，没有任何一种方法能取代全面质量管理方法作为工程项目质量控制的主要方法。

有人把全面质量管理方法归结为"三全一多样"，这是很有道理的。"三全"指参加管理者包括全企业的全体人员和全部机构，管理的对象是施工项目实施的全过程和全部要素；"一多样"指该方法中所含的具体方法是个大体系，多种多样。"全企业参与质量管理"主要是全企业要形成一个质量体系，在统一的质量方针指引下，为实现各项目标开展各种层面的 P（计划）、D（执行）、C（检查）、A（处理）循环，而每一循环均使质量水平提高一步；"全员参与质量管理"的主要方式是开展全员范围内的"QC 小组"活动，开展质量攻关和质量服务等群众性活动；"全过程"的质量管理主要表现在对工序、分项工程、分部工程、单位工程、单项工程、建设项目等形成的全过程和所涉及的各种要素进行全面的管理；多种多样的质量管理方法可用图 1-6 加以说明。当然，全面质量管理方法用上述说法描述未免简单化了些，但是这种说法道出了全面质量管理的精髓。

在施工项目中用全面质量管理方法应强调以下几点：

第一，全面质量管理方法对施工项目质量控制是有效的，这一点应充分肯定。大量的实践证明，它在项目管理中的突出地位不可动摇。全面质量管理虽然是全企业的管理，但它并不排斥在项目上使用。项目经理部是企业的一部分，施工项目是管理的对象，施工现场和工序是管理的重点。企业管理不可脱离项目管理而处于架空状态。

第二，全面质量管理方法不要混同于数理统计质量管理方法。以往在宣传该方法时往往把大量时间花在学习数理统计知识上，而对"三全一多样"的精髓内容不予重视，从而导致理解该方法的片面和应用该方法的畏难和失效。我们应该承认，数理统计方法是"统计质量管理"阶段的方法，发展到 TQC 以后，统计方法虽仍然有效且可用，但是质量管理方法产生了新的飞跃，故应在

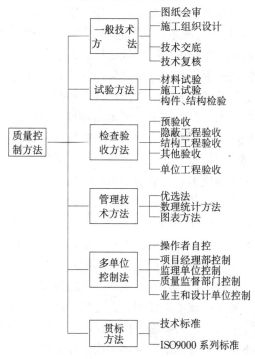

图 1-6 质量控制方法系统图

其本质上下大力气掌握和应用，不能停留在数理统计的水平上。TQC 既然是全员使用的方法，它就不应该成为"阳春白雪"，而应该易于被广大职工所掌握。

第三，摆正 TQC 和 ISO9000—2000 等三项质量管理体系标准的关系。现在大有以

"ISO"代替"TQC"的倾向，怎么可以呢？TQC是方法，ISO9000标准是标准。ISO9000标准对TQC有规范作用，有利于推行TQC。全面质量管理的基础工作之一是标准化，"标准化"中的"标准"，应包含ISO9000标准。所以，两者是统一的，不是互斥的。推行ISO9000标准有利于推行TQC；推行TQC应利用ISO9000标准。两者不可相互替代，更不能在推行ISO9000时排斥TQC。在施工项目管理中，必须用TQC控制工程质量。

第四，推行TQC控制项目质量目标的重点应是工序控制和质量检验。工序控制要以控制人、机、料、法、环五要素实现；质量检验要求把好工序、分项工程、分部工程和单位工程各项检查验收关，不允许有任何一项和任何一环不达标。"预防为主"是对的，它是主动控制，但是不容忽视被动控制，即加强检查把关。只有把主动控制和被动控制结合起来，才是提高项目质量水平的有效途径。

4.可控责任成本方法是成本控制的主要方法

成本是施工项目各种消耗的综合价值体现，是消耗指标的全面代表。成本的控制与各种消耗有关，把住消耗关才能控制住成本。

如何把住消耗关？要从每个环节做起。在市场经济条件下，资源供应、使用与管理都是消耗的环节，都要把关。消耗有量的问题，也有价的问题，两者都要控制。操作者是控制的主体，管理者也是控制的主体。因此每一个职工都有控制成本的责任。一种资源在某一环节上的节约，可能与多个责任者相关，要分清各相关责任者各自的责任。各负责自己可以控制的那一部分的责任。所以"可控责任成本"是责任者可以控制住的那部分成本。"可控责任成本方法"是通过明确每个职工的可控责任成本目标而达到对每项生产要素进行成本控制以最终导致项目总成本得以控制的方法。"可控责任成本方法"本质上是成本控制的责任制，也是"目标管理方法"责任目标落实的方法，所以，它仍是"目标管理方法"范畴的方法。在使用该方法时应注意以下几点：

第一，按以下程序实施管理：列出成本控制的总任务，确定各项成本目标→按项目组织的层次、部门分解成本控制目标→根据各层次、各部门的责任制分配成本控制目标→各部门根据每个成员的管理责任和操作责任确定每个成员的成本可控责任和目标→各成员制定节约成本和控制所承担的责任成本目标的控制措施→综合各责任者所承担的成本目标与各部门、各层次的成本责任目标相比较，看是否有偏差→如确能实现，则做出决策，如不能确保责任目标，则应调整各成员提出的措施，直至可实现责任目标→在月、季、年度成本计划实施中，通过责任成本目标的落实，确保可控责任成本的实现→统计实际成本控制结果，进行动态控制，并不断总结资料。

第二，可控责任成本方法的前提是责任制。因此，要建立每个责任者、每个部门和每个层次的成本责任制，为可控责任成本的落实创造条件。

第三，为实施可控责任成本方法，必须加强成本核算，包括成本预算、成本计划和成本统计。要算细账，算实账，算准账。

第四，特别要重视管理人员的可控责任成本的落实。项目经理部各个成员概莫能外。

第五，可控责任成本方法实施的全过程，就是"目标管理方法"实施的过程。要把握目标管理方法的"灵魂"，确保可控责任成本取得实效。

5.安全责任制是安全控制的主要方法

安全责任制是用制度规定每个施工项目管理成员的安全责任，项目经理，管理部门的成员，作业人员都要承担责任，不留死角。安全责任制是岗位责任制的组成内容，即应按岗位的不同确定每个人的安全责任，管理人员的责任和作业人员的责任不同，作业人员从事不同专业的工作，其安全责任也不同。要承担安全责任，就要进行安全教育，也要加强检查与考核，因此安全责任制中必须包含承担安全责任的保证制度。

以上我们突出了项目目标控制的5种方法。它只说明我们应重视的主要（基本）方法，它绝不意味着可以忽视其他管理方法的应用。项目管理的方法是非常丰富的，我们应当有针对性地选用。另外，这5种方法也是相关的，不可孤立地对待它们。在具体工作中应根据需要，做相应地选择，做有效地控制。

第二章　施工项目管理组织

第一节　施工项目管理组织概述

一、施工项目管理组织概念

施工项目管理组织与企业管理组织不同，二者是局部与整体的关系。施工项目组织机构设置的目的是为了充分发挥项目管理职能，提高项目整体管理效率，从而达到项目管理的目标。因此，企业在推行项目管理过程中合理地设置项目管理组织机构是一个至关重要的问题，是施工项目管理成功的前提和保证。

（一）组织的概念

组织是按照一定的宗旨和系统建立起来的集体，它是构成整个社会经济系统的基本单位。在管理学中组织有两层含义。组织的第一层含义是作为名词出现的，指组织机构，组织机构是按一定领导体制、部门设置、层次划分、职责分工、规章制度和信息系统等构成的有机整体，是社会人的结合体，可以完成一定的任务，并为此而处理人和人、人和事、人和物关系；组织的第二层含义是作为动词出现的，指组织行为（活动），即通过一定权力和影响力，为达到一定目标，对所需资源进行合理配置，处理人和人、人和事、人和物关系的行为（活动）。其管理职能是通过两层含义的有机结合而产生和起作用的。

施工项目管理的组织，是指为进行施工项目管理、实现组织职能而进行的组织系统的设计与建立、组织运行和组织调整等三个方面工作的总称。组织系统的设计与建立，是指经过筹划、设计、建成一个可以完成施工项目管理任务的组织机构，建立必要的规章制度，划分并明确岗位、层次、部门的责任和权力，建立和形成管理信息系统及责任分工系统，并通过一定岗位和部门内人员的规范化的活动和信息流通实现组织目标。组织运行是指在组织系统形成后，按照组织要求，由各岗位和部门实施组织行为的过程。组织调整是指在组织运行过程中，对照组织目标，检验组织系统的各个环节，并对不适应组织运行和发展的方面进行改进和完善。

（二）组织职能

组织职能是项目管理基本职能之一。项目管理的组织职能包括五个方面内容：

（1）组织设计。包括选定一个合理的组织系统，划分各部门的权限和职责，确立各种基本的规章制度。

（2）组织联系。指规定组织机构中各部门或各岗位的相互关系，明确信息流通和信息反馈的渠道，以及它们之间的协调原则和方法。

（3）组织运行。指按照组织分工完成各自的工作，规定各组织体的工作顺序和业务管理活动的运行过程。组织运行要抓好三个关键性问题，一是人员配置，二是业务接口，三是信息反馈。

（4）组织行为。就是指应用行为科学、社会学及社会心理学原理来研究、理解和影响组织中人们的行为、言语、组织过程、管理风格以及组织变更等。

（5）组织调整。组织调整是指根据工作的需要，环境的变化，分析原有的项目组织系统的缺陷、适应性和效率性，对原组织系统进行调整和重新组合，包括组织形式的变化、人员的变动、规章制度的修订或废止、责任系统的调整以及信息流通系统的调整等。

二、施工项目管理组织机构

（一）施工项目管理组织机构的作用

1. 组织机构是施工项目管理的组织保证

项目经理在启动项目管理之前，首先要做好组织准备，即建立一个能完成管理任务、令项目经理指挥灵便、运转自如、效率很高的项目组织机构——项目经理部，其目的就是为了提供进行施工项目管理的组织保证。一个好的组织机构，可以有效地完成施工项目管理目标，有效地应付环境的变化，有效地供给组织成员生理、心理和社会需要，形成组织力，使组织系统正常运转，产生集体思想和集体意识，从而完成项目管理任务。

2. 形成一定的权力系统以便进行集中统一指挥

权力由法定和拥戴产生。法定来自于授权，拥戴来自于信赖。法定或拥戴都会产生权力和组织力。组织机构的建立，首先是以法定的形式产生权力。权力是工作的需要，是管理地位形成的前提，是组织活动的反映和保障。没有组织机构，便没有权力，也没有权力的运用。权力取决于组织机构内部是否团结一致，越团结，组织就越有权力，越有组织力，所以施工项目组织机构的建立要伴随着授权，以便使权力的使用为了实现施工项目管理的目标而服务。要合理分层。层次多，权力分散；层次少，权力集中。所以要在规章制度中把项目管理组织的权力阐述明白，固定下来。

3. 形成责任制和信息沟通体系

责任制是施工项目组织中的核心问题。没有责任也就不成其为项目管理机构，也就不存在项目管理。一个项目组织能否有效地运转，取决于是否有健全的岗位责任制。施工项目组织的每个成员都应肩负一定的责任，责任是项目组织对每个成员规定的一部分管理活动和生产活动的具体内容。

信息沟通是组织力形成的重要因素。信息产生的根源存在于组织活动之中，下级（下层）以报告的形式或其他形式向上级（上层）传递信息；同级不同部门之间为了相互协作而横向传递信息。越是高层领导，越需要信息，越要深入下层获得信息。原因就是领导离不开信息，有了充分的信息才能进行有效地决策。

综上所述，可以看出组织机构非常重要，在项目管理中是一个焦点。一个项目经理建立了理想有效的组织系统，他的项目管理就成功了一半。项目组织一直是世界管理专家普遍重视的问题。据国际项目管理协会统计，世界各国项目管理专家的论文，有1/3是有关项目组织的。我国建筑业体制的改革及推行、施工项目管理的研究等，实际就是个组织研究问题。

（二）建立适应项目管理需要的组织机构必须考虑的主要问题

（1）能适应建筑产品单件性和施工项目特殊性的特点，使生产要素的配置按项目的需要处于动态组织状态，有利于项目目标合理实现。

（2）有利于国家对建筑业企业体制改革战略决策和总体思路的实施。面对复杂多变的市场环境，组织机构应有利于企业在市场中有竞争力以及提高项目估价和投标决策的能力。

（3）有利于企业内部多项目之间的协调和企业对各项目的有效控制。

（4）有利于合同管理，强化履约责任，有效地处理和避免经济纠纷。

（5）有利于减少管理层次，精干人员，提高办事效率，强化业务系统化管理。

三、施工项目管理组织机构的设置原则

1. 目的性的原则

施工项目经理部设置的根本目的，是为了产生组织功能，实现施工项目管理的总目标。从这一根本目标出发，就会因目标设事、因事设机构定编制，按编制设岗位定人员，以职责定制度授权力。组织机构设置程序如图 2-1 所示。

2. 精干高效原则

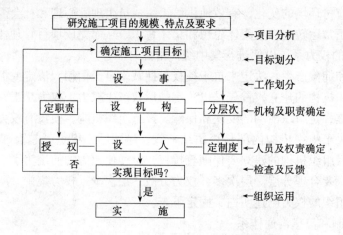

图 2-1　组织机构设置程序图

施工项目组织机构的人员设置，以能实现施工项目所要求的工作任务（事）为原则，尽量简化机构，做到精干高效。人员配置要力求一专多能，一人多职，同时要着眼于使用与学习锻炼相结合，以提高项目管理组织成员的素质。

3. 管理跨度和分层统一的原则

管理跨度亦称管理幅度，是指一个主管人员直接管理的下属人员数量。跨度大，管理人员的接触关系增多，处理人与人之间关系的数量随之增大。跨度（N）与工作接触关系数（C）的关系公式是：

$$C = N(2^{n-1} + N - 1)$$

这是有名的邱格纳斯公式，是个几何级数，当 $N = 10$ 时，$C = 5210$。故跨度太大时，领导者及下属经常会出现应接不暇之烦。由于任何管理者的时间和精力都是有限的，它的管理能力也因知识、经验、个性、年龄等的不同而不同，不同的管理者应有不同的管理跨度。因此，在组织机构的设计上应根据不同管理者的具体情况，结合工作的性质以及被管理者的素质特征来确定适用于本组织和特定管理者的管理跨度。既要做到保证统一指挥，又便于组织内部信息的沟通。然而跨度大小又与分层多少有关。不难理解，层次多，跨度会小，层次少，跨度会大。这就要根据领导者的能力和施工项目的大小进行权衡。美国管

理学家戴尔曾调查 41 家大企业，管理跨度的普遍范围是 6～7 人之间。对施工项目管理层来说，管理跨度更应尽量少些，以集中精力于施工项目管理。在鲁布革工程中，项目经理下属 33 人，分成了所长、课长、系长、工长四个层次，项目经理的跨度是 5。项目经理在组建组织机构时，必须认真设计切实可行的跨度和层次，画出机构系统图，以便讨论、修正与组建。

4. 业务系统化管理原则

由于施工项目是一个开放的系统，由众多子系统组成一个大系统，各子系统之间，子系统内部各专业之间，不同组织、工种、工序之间，存在着大量结合部。这就要求项目组织也必须是一个完整的组织结构系统，恰当分层和设置部门，以便在结合部上能形成一个相互制约、相互联系的有机整体，防止产生职能分工、权限划分和信息沟通上相互矛盾或重叠。要求在设计组织机构时以业务工作系统化原则作指导，周密考虑层间关系、分层与跨度关系、部门划分、授权范围、人员配备及信息沟通等因素，使组织机构自身成为一个严密的、封闭的组织系统，能够为完成项目管理总目标而实行合理分工及和谐地协作。

5. 弹性和流动性原则

工程建设项目的单件性、阶段性、流动性及露天作业是施工项目产品的主要特点，必然带来生产对象数量、质量和地点的变化，带来资源配置的品种和数量的变化。于是要求管理工作和组织机构随之进行调整，以使组织机构适应施工任务的变化。这就是说，要按照弹性和流动性的原则建立组织，不能一成不变。要准备调整人员及部门设置，要适应工程任务变动对管理机构流动性的要求。

6. 项目组织与企业组织一体化原则

项目组织是企业组织的有机组成部分，企业是它的母体，也就是说项目组织是由企业组建的。项目管理的人员全部来自企业，项目管理组织解体后，其人员仍归属于企业。即使进行组织机构调整，人员也是进出于企业人才市场的，施工项目的组织形式与企业的组织形式有关，不能离开企业的组织形式去谈项目的组织形式。

第二节　施工项目管理组织形式

一、确定施工项目管理组织形式的指导思想

组织形式亦称组织结构的类型，是指一个组织以什么样的结构方式去处理层次、跨度、部门设置和上下级关系。施工项目组织的形式与企业的组织形式是不可分割的。在我国原计划经济下企业管理机制的基础上要进行施工项目管理就必须进行企业管理体制改革和内部配套。我们所讲的施工项目管理与国际惯例通称的项目管理是一致的：一是强化项目的责任人履行合同；二是实行两层优化结合的方式，首先确定项目管理班子，然后再选择作业层次，两层在一个项目上结合，这是它的基本组织模式；三是改变传统的以行政建制为组织形式的核算体制，进行项目单独核算。所以说，如果在没有改革现有施工企业管理体制的前提下，想把这种国际惯例通称项目管理体制移植进来，困难是比较大的。例如水电十四局也曾经在云南鲁布格的工程上做过这种尝试。当时他们选了一个地下厂房，与日本大成公司的方式一样，明确了一个项目经理，选了 300 人左右的作业队伍。开始进展的情况还好，但是运行了一段时间就运行不下去了。主要是企业配套跟不上。这是 1987

年建设部给国务院报告中用的一个实例。我国施工企业管理体制改革的试点证明要真正把国际惯例的项目管理体制引进来，就必须有一个痛苦的阶段，就是运用项目管理组织模式来改造原有的企业管理体制，创造适应项目管理运行的新型机制。项目管理是一个企业层次的施工企业体制和生产方式的变革，或者说是以转换经营机制为内涵的改革措施。如果讲企业管理体制改革与项目管理的关系，可以这样来概括：即企业内部管理体制配套改革是项目管理的前提，而项目管理是促进企业体制改革的关键和"基点"。离开项目管理这个"基点"，去创造"前提"是不可能的。只抓"基点"，没有创造"前提"，那么项目管理就是孤立的，不可能长久地运行。故在分析项目组织形式的指导思想上弄清它与企业组织形式以及内部管理体制的关系是非常必要的，其目的就是为达到二者的有机结合，使项目管理通过组织机构的合理建立，真正达到有利于两层建设，处理好三层关系，逐步形成施工项目"总部宏观控制、项目授权管理、专业施工保障，社会力量协调"的新型管理运行机制。

二、施工项目管理组织的主要形式

（一）工作队式项目组织

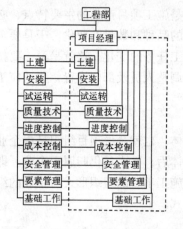

图 2-2　工作队式项目组织形式示意

1. 特征

工作队式项目组织构成如图 2-2 所示，虚线内表示项目组织，其人员与原部门脱离，该组织结构类型有以下特征：

（1）项目经理在企业内部聘用职能人员组成管理机构（工作队），由项目经理指挥，独立性大。

（2）项目组织成员在工程建设期间与原所在部门脱离领导与被领导关系。原单位负责人负责业务指导及考察，但不能随意干预其工作或调回人员。

（3）项目管理组织与项目同寿命。项目结束后机构撤消，所有人员仍回原所在部门和岗位。

2. 适用范围

这是按照对象原则组织的项目管理机构，可独立地完成任务，相当于一个"实体"。企业职能部门只提供一些服务。这种项目组织类型适用于大型项目、工期要求紧迫的项目、要求多工种多部门密切配合的项目。因此，它要求项目经理素质要高，指挥能力要强，有快速组织队伍及善于指挥来自各方人员的能力。

3. 优点

（1）项目经理从职能部门聘用的是一批专家，他们在项目管理中配合，协同工作，可以取长补短，有利于培养一专多能的人才并充分发挥其作用。

（2）各专业人才集中在现场办公，减少了扯皮和等待时间，办事效率高，解决问题快。

（3）项目经理权力集中，运权的干扰少，决策及时，指挥灵便。

（4）由于减少了项目与职能部门的结合部，项目与企业的职能部门关系弱化，易于协调关系，减少了行政干预，使项目经理的工作易于开展。

（5）不打乱企业的原建制，传统的直线职能制组织仍可保留。

4. 缺点

（1）各类人员来自不同部门，具有不同的专业背景，相互不熟悉，难免配合不力。

（2）各类人员在同一时期内所担负的管理工作任务可能有很大差别，因此很容易产生忙闲不均，可能导致人员浪费。特别是对稀缺专业人才，难以在企业内调剂使用。

（3）职工长期离开原单位，即离开了自己熟悉的环境和工作配合对象，容易影响其积极性的发挥。而且由于环境变化容易产生临时观点和不满情绪。

（4）职能部门的优势无法发挥作用。由于同一部门人员分散，交流困难，也难以进行有效的培养、指导，削弱了职能部门的工作。当人才紧缺而同时又有多个项目需要按这一形式组织时，或者对管理效率有很高要求时，不宜采用这种项目组织形式。

（二）部门控制式项目组织

1．特征

这是按职能原则建立的项目组织。它并不打乱企业现行的建制，把项目委托给企业某一专业部门或委托给某一施工队，由被委托的部门（施工队）领导，在本单位组织人员负责实施项目组织，项目终止后恢复原职。图2-3是这种组织形式的示意图。

2．适应范围

这种形式的项目组织一般适用于小型的、专业性较强，不需涉及众多部门配合的施工项目。

3．优点

（1）人才作用发挥较充分。这是因为相互熟悉的人组合办熟悉的事，人事关系容易协调。

（2）从接受任务到组织运转启动，时间短。

（3）职责明确，职能专一，关系简单。

（4）项目经理无需专业训练便容易进入状态。

4．缺点

（1）不能适应大型项目管理需要，而真正需要进行施工项目管理的工程正是大型项目。

（2）不利于对计划体系下的组织体制（固定建制）进行调整。

（3）不利于精简机构。

（三）矩阵制项目组织

1．特征

矩阵式项目组织如图2-4所示。其特征有以下几点：

（1）项目组织机构与职能部门的结合部同职能部门数相同。多个项目与职能部门的结合部呈矩阵状。

（2）把职能原则和对象原则结合起来，既发挥职能部门的纵向优势，又发挥项目组织的横向优势。

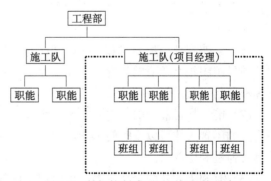

图2-3 部门控制式项目组织机构示意

（3）专业职能部门是永久性的，项目组织是临时性的。职能部门负责人对参与项目组织的人员有组织调配、业务指导和管理考察的责任。项目经理将参与项目组织的职能人员在横向上有效地组织在一起，为实现项目目标协同工作。

（4）矩阵中的每个成员或部门，接受原部门负责人和项目经理的双重领导。但部门的控制力大于项目的控制力。部门负责人有权根据不同项目的需要和忙闲程度，在项目之间调配本部门人员。一个专业人员可能同时为几个项目服务。特殊人才可充分发挥作用，免得人才在一个项目中闲置又在另一个项目中短缺，大大提高人才利用率。

（5）项目经理对调配到本项目经理部的成员有权控制和使用。当感到人力不足或某些成员不得力时，他可以要向职能部门要求给予解决。

（6）项目经理部的工作有多个职能部门支持，项目经理没有人员包袱，但要求在水平方向和垂直方向有良好的信息沟通及良好的协调配合，对整个企业组织和项目组织的管理水平和组织渠道畅通提出了较高的要求。

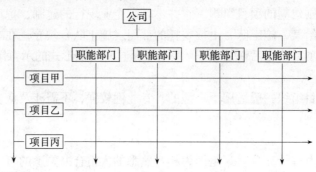

图 2-4 矩阵式项目组织形式示意

2. 适用范围

（1）适用于同时承担多个需要进行项目管理工程的企业。在这种情况下，各项目对专业技术人才和管理人员都有需求，加在一起数量较大。采用矩阵制组织可以充分利用有限的人才对多个项目进行管理，特别有利于发挥优秀人才的作用。

（2）适用于大型、复杂的施工项目。因大型复杂的施工项目要求多部门、多技术、多工种配合实施，在不同阶段，对不同人员，有不同数量和不同搭配的需求。显然，部门控制式机构难以满足这种项目要求；混合工作队式组织又因人员固定而难以调配，人员使用固化，不能满足多个项目管理的人才需求。

3. 优点

（1）它兼有部门控制式和工作队式两种组织形式的优点，即解决了传统模式中企业组织和项目组织相互矛盾的状况，把职能原则与对象原则隔为一体，求得了企业长期例行性管理和项目一次性管理的一致性。

（2）能以尽可能少的人力，实现多个项目管理的高效率。通过职能部门的协调，一些项目上的闲置人才可以及时转移到需要这些人才的项目上去，防止人才短缺，项目组织因此具有弹性和应变力。

（3）有利于人才的全面培养，可以使不同知识背景的人在合作中相互取长补短，在实践中拓宽知识面；发挥了纵向的专业优势，可以使人才成长有深厚的专业训练基础。

4. 缺点

（1）由于人员来自职能部门，且仍受职能部门控制，故凝聚在项目上的力量减弱，往往使项目组织的作用发挥受到影响。

（2）管理人员如果身兼多职地管理多个项目，便往往难以确定管理项目的优先顺序，有时难免顾此失彼。

（3）双重领导。项目组织中的成员既要接受项目经理的领导，又要接受企业中原职能部门的领导。在这种情况下，如果领导双方意见和目标不一致，乃至有矛盾时，当事人便无所适从。要防止这一问题产生，必须加强项目经理和部门负责人之间的沟通。还要有严格的规章制度和详细的计划，使工作人员尽可能明确在不同时间内应当干什么工作。如果矛盾难以解决，应以项目经理的意见为主。

（4）矩阵式组织对企业管理水平、项目管理水平、领导者的素质、组织机构的办事效率、信息沟通渠道的畅通等均有较高要求，因此要精干组织，分层授权，疏通渠道，理顺关系。由于矩阵式组织的复杂性和结合部多，造成信息沟通量膨胀和沟通渠道复杂化，在很大程度上存在信息梗阻和失真。于是，要求协调组织内部的关系时必须有强有力的组织措施和协调办法以排除难题。为此，层次、职责、权限要明确划分。

图 2-5 为某企业建立的矩阵式组织形式。

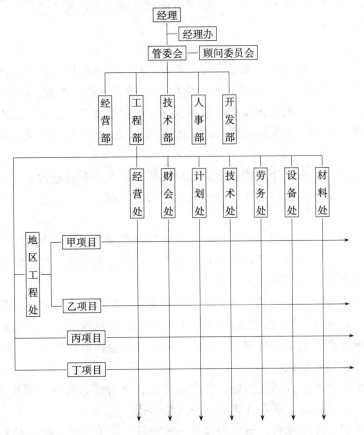

图 2-5　某企业建立的矩阵式组织

（四）事业部式项目组织

1．特征

（1）图 2-6 是事业部式项目组织结构示意图，其特征是企业成立事业部，事业部对企业来说是职能部门，对企业外有相对独立的经营权，可以是一个独立单位。事业部可以按地区设置，也可以按工程类型或经营内容设置。事业部能较迅速适应环境变化，提高企业的应变能力，调动部门积极性。当企业向大型化、智能化发展时，事业部式是一种很受欢迎的选择，既可以加强经营战略管理，又可以加强项目管理。

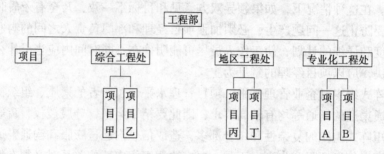

图 2-6　某企业建立的事业部式组织示意

（2）在事业部（一般为其中的工程部或开发部，对外工程公司是海外部）下边设置项目经理部，项目经理由事业部选派，一般对事业部负责，有的可以直接对业主负责，是根据其授权程度决定的。

2．适用范围

事业部式项目组织适用于大型经营性企业的工程承包，特别适用于远离公司本部的工程承包。需要注意的是，一个地区只有一个项目，没有后续工程时，不宜设立地区事业部，也即它适用于在一个地区内有长期市场或一个企业有多种专业化施工力量时采用。在此情况下，事业部与地区市场同寿命。地区没有项目时，该事业部应予撤消。

3．优点

事业部式项目组织有利于延伸企业的经营职能，扩大企业的经营业务，便于开拓企业的业务领域，还有利于迅速适应环境变化以加强项目管理。

4．缺点

按事业部式建立项目组织，企业对项目经理部的约束力减弱，协调指导的机会减少，故有时会造成企业结构松散。必须加强其制度约束，并加大企业的综合协调能力。

三、施工项目管理组织形式的选择

选择什么样的项目组织形式，应由企业作出决策。要将企业的素质、任务、条件、基础，同施工项目的规模、性质、内容及要求的管理方式结合起来分析，选择最适宜的项目组织形式，不能生搬硬套某一种形式，更不能不加分析地盲目作出决策。一般说来，可按下列思路选择项目组织形式：

（1）大型综合企业，人员素质好，管理基础强，业务综合性强，可以承担大型任务，宜采用矩阵式、工作队式、事业部式的项目组织形式。

（2）简单项目、小型项目、承包内容专一的项目，应采用部门控制式项目组织。

（3）在同一企业内可以根据项目情况采用几种组织形式，如将事业部式与矩阵式的项目组织结合使用，将工作队式项目组织与事业部式结合使用等。但不能同时采用矩阵式及混合工作队式，以免造成管理渠道和管理秩序的混乱。表2-1可供选择项目组织形式时参考。

项目组织形式	项目性质	施工企业类型	企业人员素质	企业管理水平
工作队式	大型项目、复杂项目、工期紧的项目	大型综合建筑企业，项目经理能力较强	人员素质较高、专业人才多、职工技术素质较高	管理水平较高，基础工作较强，管理经验丰富
部门控制式	小型项目、简单项目、只涉及个别少数部门的项目	小建筑企业，任务单一的企业，大中型基本保持直线职能制的企业	素质较差，力量薄弱，人员构成单一	管理水平较低，基础工作较差，缺乏有经验的项目经理
矩阵式	多工种、多部门、多技术配合的项目，管理效率要求很高的项目	大型综合建筑企业，经营范围很宽、实力很强的建筑企业	文化素质、管理素质、技术素质很高，但人才紧缺，管理人才多，人员一专多能	管理水平很高，管理渠道畅通，信息沟通灵敏，管理经验丰富
事业部式	大型项目，远离企业基地项目，事业部制企业承揽的项目	大型综合建筑企业，经营能力很强的企业，海外承包企业，跨地区承包企业	人员素质高，项目经理强，专业人才多	经营能力强，信息手段强，管理经验丰富，资金实力雄厚

第三节 施工项目经理部的建立

一、施工项目经理部的作用

项目经理部是施工项目管理的工作班子，置于项目经理的领导之下。为了充分发挥项目经理部在项目管理中的主体作用，必须对项目经理部的机构设置加以特别重视，设计好、组建好、运转好，从而发挥其应有功能。

(1) 项目经理部在项目经理领导下，作为某一施工项目上的一次性管理组织机构，负责施工项目从开工到竣工的全过程施工生产经营的管理，是企业在项目上的管理层，同时对作业层负有管理与服务的双重职能。项目经理部的工作质量好坏将给作业层的工作质量以重大影响。

(2) 项目经理部是项目经理的办事机构，为项目经理决策提供信息依据，当好参谋，同时又要执行项目经理的决策意图，对项目经理全面负责。

(3) 项目经理部是一个组织体，其作用包括：完成企业所赋予的基本任务——项目管理和专业管理任务等；凝聚管理人员的力量，调动其积极性；促进管理人员的合作，建立为事业的献身精神；协调部门之间，管理人员之间的关系，发挥每个人的岗位作用，为共同目标进行工作；影响和改变管理人员的观念和行为，使个人的思想，行为变为组织文化的积极因素；贯彻组织责任制，搞好管理；沟通部门之间，项目经理部与作业层之间、与公司之间以及与环境之间的信息。

(4) 项目经理部是代表企业履行工程施工合同的主体，对最终建筑产品和建设单位负责。

二、建立施工项目经理部的基本原则

（1）要根据所设计的项目组织形式设置项目经理部。项目组织形式与企业对施工项目的管理方式有关，与企业对项目经理部的授权有关。不同的组织形式对项目经理部的管理力量和管理职责提出了不同要求，同时也提供了不同的管理环境。

（2）要根据施工项目的规模、复杂程度和专业特点设置项目经理部。例如大型项目经理部可以设职能部、处；中型项目经理部可以设处、科，小型项目经理部一般只需设职能人员即可。如果项目的专业性强，便可设置专业性强的职能部门，如水电处、安装处、打桩处等等。

（3）项目经理部是一个具有弹性的一次性管理组织，应随工程任务的变化而进行调整，不应搞成一级固定性组织。在施工项目开工前建立，在工程交工后，项目管理任务完成，项目经理部应解体。项目经理部不应设固定的作业队伍，而应根据施工的需要，从劳务分包公司吸收人员，进行优化组合和动态管理。

（4）项目经理部的人员配置应面向现场，满足现场的计划与调度、技术与质量、成本与核算、劳务与物资、安全与文明施工的需要。而不应设置专管经营与咨询、研究与发展、政工与人事等与项目施工关系较少的非生产性管理部门。

（5）在项目管理机构建成以后，应建立有益于组织运转的工作制度。

三、施工项目经理部的规模

国家对项目经理部的设置规模无具体规定。根据企业推行施工项目管理的实践经验，一般按项目的使用性质和规模来相应设置。通常当工程项目的规模达到以下要求时均要建立单独的项目经理部 5000m² 以上的公共建筑、工业建筑；住宅建设小区 1 万 m² 以上；其他工程项目投资在 500 万元以上。有些试点单位把项目经理部分为三个等级，可供参考。

（1）一级施工项目经理部：建筑面积为 15 万 m² 以上的群体工程；面积在 10 万 m² 以上（含 10 万 m²）的单体工程；投资在 8000 万元以上（含 8000 万元）的各类工程项目。

（2）二级施工项目经理部：建筑面积在 15 万 m² 以下，10 万 m² 以上（含 10 万 m²）的群体工程；面积在 10 万 m² 以下，5 万 m² 以上（含 5 万 m²）的单体工程；投资在 8000 万元以下 3000 万元以上（含 3000 万元）的各类施工项目。

（3）三级施工项目经理部：建筑面积在 10 万 m² 以下，2 万 m² 以上（含 2 万 m²）的群体工程；面积在 5 万 m² 以下，1 万 m² 以上（含 1 万 m²）的单体工程；3000 万元以下，500 万元以上（含 500 万元）的各类施工项目。

建筑面积在 1 万 m² 以下的群体工程，面积在 5000m² 以下的单体工程，按照项目经理经理责任制有关规定，可实行项目授权代管和栋号承包。以栋号长为负责人，直接与代管项目经理签订《栋号管理目标责任书》。

四、施工项目经理部的部门设置和人员配备

施工项目经理部门设置和人员配备的指导思想是要把项目经理部建成一个能够代表企业形象面向市场的窗口，真正成为企业加强两层结合推行"两制"建设，实现"四个一"管理目标，全面履行合同的主体。

上海市建一公司曾根据这一指导思想形成过项目经理部"一长一帅四大员"的模式。

即项目经理（一长）、项目工程师（一师）、项目经济员、技术员、料具员、总务员（四大员），其中包含了项目管理所必须的预算、成本、合同、技术、施工、质量、安全、场容、机械、材料、档案、后勤等多种职能。为强化项目管理职能，公司和各工程部抽调了大批领导干部和管理骨干充实项目。北京市第一城市建设工程公司按照动态管理，优化配置的原则也曾对项目经理部的编制设岗定员及人员配备分别由项目经理、总工程师、总经济师、总会计师、政工师和技术、预算、劳资、定额、计划、质量、保卫、按测试、计量以及辅助生产人员15～45人组成设定，一级项目经理部30～45人，二级项目经理部20～30人，三级项目经理部15～20人，其中：专业职称设岗为：高级5%～10%，中级45%～40%，初级37%～40%，其他13%～10%，实行一职多岗，一专多能，全部岗位职责覆盖项目施工全过程的管理，不留死角，避免了职责重叠交叉。综合试点企业实践，施工项目经理部可设置以下五个管理部门：

（1）经营核算部门。主要负责预算、合同、索赔、资金收支、成本核算及劳动分配等工作。

（2）工程技术部门。主要负责生产调度、技术管理、施工组织设计、劳动力配置计划统计等工作。

（3）物资设备部门。主要负责材料工具的询价、采购、计划供应、管理、运输、机械设备的租赁及配套使用等工作。

（4）监控管理部门。主要负责工程质量、安全管理、消防保卫、文明施工、环境保护等工作。

（5）测试计量部门，主要负责计量、测量、试验等工作。

也可按控制目标进行设置，包括进度控制、质量控制、成本控制、安全控制、合同管理、信息管理、组织协调等部门。

五、施工项目经理部的党工团组织建设与民主管理

（一）党工团组织建设

为了使党、团、工会建设适应项目管理，并围绕项目做好服务，项目经理部组建时还要加强党团工会组织建设，项目经理部人员的党、团、工会关系原则上在原单位业务系统不动，但因工程项目施工周期长，应在项目经理部设党支部、工会、团小组。党支部书记一般由政工系统派出的专职政工人员担任，全面负责项目经理部人员的日常思想政治工作、工会工作和团的工作，并实行党、团员、工会管理手册跟踪考核制度。

（二）项目民主管理委员会在项目中的地位

为了充分发挥全体职工的主人翁责任感，项目经理部应设立项目民主管理委员会，一般由7～11人组成，由参与任务分包的劳务作业队全体职工选举产生。但项目经理、各劳务输入单位领导或各作业承包队长应为法定委员。项目管理委员会的主要职责是听取项目经理的工作汇报，参与有关生产计划的制定，劳动工资分配会议，及时反映职工的建议和要求，帮助项目经理解决施工中出现的问题，定期（每季度一次）评议项目经理和项目经理部的工作等。

六、施工项目的劳动力管理

施工项目的劳动力来源于社会的劳务市场。企业劳务由企业劳动力管理部门（或劳务公司）管理，对外用合同向劳务分包公司招用劳动力。

（一）劳务输入

坚持"计划管理，定向输入，市场调节，双向选择，统一调配，合理流动"的方针。具体做法是：项目经理部根据所承担的工程项目任务，编制年度劳动力需要量计划。交公司劳动管理部门，公司进行平衡，将劳务指标下达各项目经理部，各项目经理部根据公司平衡的结果和下达的劳务指标进行供需见面，双向选择，明确需要的工种、人员数量、进出场时间和有关奖罚条款等，正式将劳动力组织引入施工项目，形成施工项目的劳务作业层。如果项目经理部直接与劳务分包公司签订合同，必须有法定代表人授权。

（二）劳动力组织

劳务施工队伍均要以整建制进入施工项目，由项目经理部和劳务分包公司配合，双方协商共同组建栋号施工（作业）承包队，栋号（作业）承包队的组建要注意打破工种界限，实行混合编班，提倡一专多能、一岗多职。形成既有主力专业工种，又有协作配套力量，并能独立施工的栋号作业队。

（三）劳务队伍管理

项目经理部对于到位的施工劳务队伍组建的现场施工作业队，除配备专职的栋号负责人外，还要实行"三员"管理岗位责任制：即由项目经理派出专职质量、安全、材料员，实行一线职工操作全过程的监控、检查、考核和严格管理。

第四节　施工项目管理制度建立与项目经理部解体

一、施工项目管理制度的作用

管理制度是组织为保证其任务的完成和目标的实现，对例行性活动应遵循的方法、程序、要求及标准所作的规定，是根据国家和地方法规以及上级部门（单位）的规定，制订组织内部法规。施工项目管理制度是施工项目经理部制订的，对项目经理部及其作业组织全体职工有约束力。施工项目管理制度的作用主要有两点：一是贯彻有关的法律、法规、方针、政策、标准、规范、规程等；二是用以指导本施工项目的管理，规范施工项目组织及职工的行为，使之按规定的方法、程序、要求、标准进行施工和管理活动，从而保证施工项目目标的顺利实现。

二、建立施工项目管理制度的原则

项目经理部组建以后，作为组织建设内容之一的管理制度应立即着手制定。制定管理制度必须遵循以下原则：

（1）制订施工项目管理制度必须贯彻国家法律、法规、方针政策及部门规章不得有抵触和矛盾，不得危害公众利益。

（2）制订施工项目管理制度必须实事求是，即符合本施工项目的需要。施工项目最需要的管理制度是有关工程技术、计划、统计、经营、核算、分配以及各项业务管理，它们应是制订管理制度的重点。

（3）管理制度要配套，不留漏洞，形成完整的管理制度和业务体系。

（4）各种管理制度之间不能产生矛盾，以免职工无所适从。

（5）管理制度的制定要有针对性，任何一项条款都必须具体明确，有针对性，词语表达要简洁、准确。

（6）管理制度的颁布、修改和废除要有严格程序。项目经理是总决策者。凡不涉及到企业的管理制度。由项目经理签字决定，报公司备案；凡涉及公司的管理制度，应由公司经理批准方可生效。

三、施工项目的主要管理制度

（一）施工项目管理制度的种类

1．按颁发的单位分类

（1）由企业颁发的涉及施工项目管理的管理制度。如：施工项目经理责任制，施工项目核算制合同管理实施办法，业务系统化管理办法，劳动工资管理实施办法等。

（2）由施工项目经理部颁发的管理制度。如：施工现场管理实施办法，工程质量管理实施办法，现场安全管理办法，材料节约实施办法，技术管理规定，施工计划编制与实施办法等。

2．按管理制度约束力的不同分类

（1）责任制度。责任制度是以部门、单位、岗位为对象制订的，规定了每个人应该承担的责任，强调创造性地完成各项任务。责任制是根据职位和岗位划分的，不同的职位、岗位，因其重要程度和责任轻重不同而责任各不相同。责任制完成的标准是多层次的，可以评定等级。

（2）规章制度。规章制度是以各种活动、行为为对象，明确规定人们行为和活动不得逾越的规范和准则，任何人只要涉及或参与其事、都毫无例外地必须遵守，所以规章制度是组织的法规，它更强调约束精神，对谁都同样适用，决不因人的地位高低而异，执行的结果只有是与非，即遵守与违反两个简单明了的衡量标准。

3．按管理制度的专业特点分类

（1）施工专业类管理制度。这类制度是围绕施工项目的目标和生产要素制订的。包括：施工管理制度，技术管理制度，质量管理制度，安全管理制度，材料管理制度，劳动管理制度，机械设备管理制度，财务管理制度等等。这是施工项目管理最主要的管理制度。

（2）非施工专业类管理制度。非施工专业类制度也很多，如有关责任类制度，合同类制度，分配类制度，核算类制度等等。

（二）施工项目经理部管理制度的建立

施工项目经理部的管理制度的建立应围绕计划、责任、监理、核算、奖惩等方面。"计划制"是为了使各方面都能协调一致地为施工项目总目标服务，它必须覆盖项目施工的全过程和所有方面；计划的制订必须有科学的依据，计划的执行和检查必须落实到人。"责任制"建立的基本要求是：一个独立的职责，必须由一个人全权负责，应做到人人有责可负、事事有人负责。"监理制"和"奖惩制"目的是保证计划制和责任制贯彻落实，对项目任务完成进行控制和激励；它应具备的条件是有一套公平的绩效评价标准和评价方法，有健全的信息管理制度，有完整的监督和奖惩体系"核算制"的目的是为给上述四项制度提供基础，了解各种制度执行的情况和效果，并进行相应的控制。要求核算必须落实到最小的可控制单位，即班组中；要把按人员职责落实的核算与按生产要素落实的核算、经济效益和经济消耗结合起来，建立完整的核算工作体系。项目经理部应：执行公司的管理制度，同时根据本项目管理的特殊需要建立自己的制度，主要是目标管理、核算、现场管理、对作业层管理、信息管理、资料管理等方面的制度，包括：①项目管理岗位责任制度。②技术与质量管理制度。③图纸和技术档案管理制度。④计划、统计与进度报告制度。⑤项目成本核算制度。⑥材料、机械设备管理制度。⑦文明施工和场容管理制度。⑧例会与组织协调制度。⑨分包及劳务管理制度。⑩内外部关系沟通协调管理制度。⑪信息管理制度。

四、项目经理部的内外关系协调

项目经部内外关系主要表现为行政领导关系、业务管理关系协作配合关系和总分包关系。在行政上介于授权和管理责任之间，其他更多更直接反映的是以经济合同制为中心的经济制约关系。

（一）项目经理部与企业及主管部门的关系

一是在党务、行政生产管理上，根据企业党委和经理的指令以及企业管理制度，项目经理部受企业有关职能部、室的指导，二者既是上下级行政关系，又是服务与服从、监督与执行的关系，也就是说企业层次生产要素的调控体系要服务于项目层次生产要素的优化配置，同时项目上生产要素的动态管理要服从于企业主管部门的宏观调控。企业要对项目管理全过程进行必要的监督调控。项目经理部则要按照与企业签订的责任状，尽职尽责全力抓好项目的具体实施。二是在经济往来上，根据企业法人代表与项目经理签订的《项目管理目标责任书》严格以实结算，建立双方合理的经济责任关系；三是在业务管理上，项目经理部作为企业内部项目的管理层，接受企业职能部、室的业务指导和服务。一切统计报表，包括技术、质量、预算、定额、工资、外包队的使用计划及各种资料都要按系统管理和有关规定准时报送主管部门。其主要业务管理关系如下：

（1）计划统计。项目管理的全过程、目标管理与经济活动，必须纳入计划管理。项目经理部除每月（季）度向企业报送施工统计报表外，还须根据企业经理与项目经理签订的《项目管理目标责任书》所定工期，编制单位工程总进度计划、物资计划、财务收支计划，坚持月计划、旬安排、日检查制度。

（2）财务核算。项目经理部作为公司内部一个相对独立的核算单位，负责整个项目的财务收支和成本核算工作。整个工程施工过程中不论项目经理部班子成员如何变动，其财务系统管理和成本核算责任不变。

（3）材料供应。工程项目所需三大主材、地材、钢木门窗及构配件、机电设备，由项目经理部按单位工程用料计划报公司供应，公司实行加工采购供管运服务一条龙。凡是供应到现场的各类物资必须在项目经理部调配下统一设库、统一保管、统一发料、统一加工，按规定结算。栋号工程按施工预算定额发料，运用材料成本票据结算。

（4）周转料具供应。工程所需机械设备及周转材料，由项目经理部报计划，公司组织供应。设备进入工地后由项目经理部统一管理调配。

（5）预算及经济洽商签证。预算合同经营管理部门负责项目全部设计预算的编制和报批，选聘到项目经理部工作的预算人员负责所有工程施工预算编制，包括经济洽商签证和增减账预算的编制报批。各类经济洽商签证要分别送公司预算管理部门、项目经理部、与作业队存档，以作为审批和结算增收的依据。

（6）质量、安全、行政管理、测试计量等工作，均通过业务系统管理，实行从决策到贯彻实施，从检测控制到信息反馈进行全过程的监控、检查、考核、评比和严格管理。

（7）与水电、运输、吊装分包单位之间的关系，是总包与分包之间的关系。在公司协调下，通过合同明确总分包关系，各专业服从项目经理部的安排和调配，为项目经理部提供专业施工服务，并就工期、服务态度、服务质量等签订分包合同。

（二）项目经理部的外部关系

（1）协调总分包之间的关系。项目管理中总包单位与分包单位在施工配合中，处理经济利益关系的原则是严格按照合同与国家有关政策和双方签订的总分包合同及企业的规章制度办理，实事求是。

（2）协调好与劳务作业层之间的关系。由于实行两层分离项目经理部与劳务作业层之间，实质二者已经构成了甲乙双方平等的经济合同关系，所以在组织施工过程中，难免发生一些矛盾。在处理这方面矛盾时必须做到三个坚持：坚持履行合同；坚持相互尊重、支持，协商解决问题；坚持服务为本，不把自己放在高级地位，而是尽量为作业层创造条件，特别是不损害劳务作业层的利益。

（3）协调土建与安装分包的关系。本着"有主有次，确保重点"的原则，安排好土建、安装施工。定期召开现场协调会，及时解决施工交叉中的矛盾和存在的问题。

（4）重视公共关系。施工中要经常和建设单位、设计单位、质量监督部门以及政府主管部门行业管理部门取得联系，主动争取它们的支持和帮助，充分利用它们各自的优势，为工程项目服务。

五、施工项目经理部的解体

施工项目经理部是一次性具有弹性的施工现场生产组织机构，工程竣工之后，项目经理部应及时地解体并做好善后处理工作。

（一）项目经理部的解体条件

（1）工程已经交工验收，已经完成竣工结算。

（2）与各分包单位已结算完毕。

（3）已协助企业与发包人签订了《工程保修书》。

（4）《项目管理目标责任书》已经履行完成，经承包人审计合格。

（5）各项善后工作已与企业主管部门协商一致并办理了有关手续。

（6）现场清理完毕。

（二）施工项目经理部解体程序与善后工作

（1）企业工程管理部门是施工项目经理部组建和解体善后工作的主管部门，主要负责项目经理部的组建及解体后工程项目在保修期间的善后问题处理，包括因质量问题造成的返（维）修、工程剩余价款的结算以及回收等。

（2）施工项目在全部竣工交付验收签字之日起 15 天内，项目经理部要根据工作需要向企业工程管理部写出项目经理部解体申请报告，同时向各业务系统提出本部善后留用和解体合同人员的名单及时间，经有关部门审核批准后执行。

（3）项目经理部在解聘工作业务人员时，为使其有一定的求职时间，要提前发给解聘人员两个月的岗位效益工资。

（4）项目经理部解体前，应成立以项目经理为首的善后工作小组，其留守人员由主任工程师、技术、预算、财务、材料各一人组成，主要负责剩余材料的处理，工程价款的回收，财务账目的结算移交，以及解决与甲方的有关遗留事宜。善后工作一般规定为三个月（从工程管理部门批准项目经理部解体之日起计算）。

（5）施工项目完成后，还要考虑该项目的保修问题，因此在项目经理部解体与工程结算前，要由经营和工程部门根据竣工时间和质量等级确定工程保修费的预留比例。

（三）施工项目经理部效益审计评估和债权债务处理

（1）项目经理部剩余材料原则上让售处理给公司物资设备部，材料价格根据新旧情况就质论价，由双方商定。如双方发生争议时可由经营管理部门协调裁决；对外让售必须经公司主管领导批准。

（2）由于现场管理工作需要，项目经理部自购的通讯、办公等小型固定资产，必须如实建立台账，按质论价，移交企业。

（3）项目经理部的工程成本盈亏审计以该项目工程实际发生成本与价款结算回收数为依据，由审计牵头，预算财务和工程部门参加，于项目经理部解体后第四个月写出审计评价报告，交经理办公会审批。

（4）项目经理部的工程结算、价款回收及加工订货等债权债务的处理，由留守小组在三个月内全部完成。如三个月未能全部收回又未办理任何法定手续的，其差额部分作为项目经理部成本亏损额计算。

（5）整个工程项目综合效益经审计评估认为除完成指标外仍有盈余者，全部上交，然后根据盈余情况给以奖励。整个经济效益审计为亏损者，其亏损部分一律由项目经理负责，按相应奖励比例从其管理人员风险（责任）抵押金和工资中扣出，亏损额超过 5 万元以上者，经企业党委会和经理办公会研究，视情况给予项目经理个人行政与经济处分。亏损数额较大，性质严重者企业有关部门有权起诉追究其刑事责任。

（6）施工项目经理部解体善后工作结束后，项目经理离任重新投标或聘用前，必须按上述规定做到人走场清、账清、物净。

（四）施工项目经理部解体时的有关纠纷裁决

项目经理部与企业有关职能部门发生矛盾时，由企业经理办公会裁决，与分包及作业层关系中的纠纷依据双方签订的合同和有关的签证处理。

第三章 施 工 项 目 经 理

第一节 施工项目经理的地位和人员选择

一、施工项目经理的地位

一个施工项目是一项一次性的整体任务，在完成这个任务过程中必须有一个最高的责任者和组织者，这就是我们通常所说的施工项目经理。

施工项目经理是建筑业企业的法定代表人在建设工程项目上的委托代理人，是对施工项目管理实施阶段全面负责的管理者，在整个施工活动中占有举足轻重的地位。确立施工项目经理的地位是搞好施工项目管理的关键。

（1）施工项目经理是建筑业企业法人代表在施工项目上负责管理和合同履行的一次性委托代理人，是项目管理的责任人。从企业内部看，施工项目经理是施工项目实施过程所有工作的总负责人，是项目动态管理的体现者，是项目生产要素合理投入和优化组合的组织者。从对外方面看，作为企业法人代表的企业经理，不直接对每个建设单位负责，而是由施工项目经理在授权范围内对建设单位直接负责。由此可见，施工项目经理是项目目标的全面实现者，既要对建设单位的成果性目标负责，又要对企业效益性目标负责。

（2）施工项目经理是协调各方面关系，使之相互紧密协作、配合的桥梁和纽带。他对项目管理目标的实现承担着全部责任，即承担履行合同责任，履行合同义务，执行合同条款，处理合同纠纷，受法律的约束和保护。

（3）施工项目经理对项目实施进行控制，是各种信息的集散中心。自下、自外而来的信息，通过各种渠道汇集到项目经理；项目经理又通过指令、计划和协议等，对下、对外发布信息。通过信息的集散达到控制的目的，使项目管理取得成功。

（4）施工项目经理是施工项目责、权、利的主体。这是因为，施工项目经理是项目总体的组织管理者，即他是项目中人、财、物、技术　信息和管理等所有生产要素的组织管理人。他不同于技术、财务等专业的总负责人，项目经理必须把组织管理职责放在首位。项目经理首先必须是项目实施阶段的责任主体，是实现项目目标的最高责任者，而且目标的实现还应该不超出限定的资源条件。责任是实现项目经理负责制的核心，它构成了项目经理工作的压力，是确定项目经理权力和利益的依据。对项目经理的上级管理部门来说，最重要的工作之一就是把项目经理的这种压力转化为动力。其次项目经理必须是项目的权力主体。权力是确保项目经理能够承担起责任的条件与手段，所以权力的范围，必须视项目经理责任的要求而定。如果没有必要的权力，项目经理就无法对工作负责。项目经理还必须是项目的利益主体。利益是项目经理工作的动力，是由于项目经理负有相应的责任而得到的报酬，所以利益的形式及利益的多少也应该视项目经理的责任而定。如果没有一定的利益，项目经理就不愿负有相应的责任，也不会认真行使相应的权力，项目经理也难以处理好与项目经理部、国家、企业和职工之间的利益关系。

二、施工项目经理应具备的基本条件

选择什么样的人担任施工项目经理，取决于两个方面：一是看施工项目的需要，不同的项目需要不同素质的人才；另一方面还要看施工企业储备人选的素质。建筑业企业应该培养一批合格的项目经理，以便根据工程的需要进行选择。施工项目经理应具备的基本素质如下：

（一）政治素质

施工项目经理是建筑施工企业的重要管理者，故应具备较高的政治素质和职业道德。首先必须具有思想觉悟高、政策观念强的社会道德品质，爱国守法，在施工项目管理中能自觉地坚持正确的经营方向，认真执行党和国家的方针、政策，遵守国家的法律和地方法规，执行上级主管部门的有关决定，自觉维护国家的利益，保护国家财产，正确处理国家、企业和职工三者之间的利益关系，并具有坚持原则、善于管理、勇于负责、不怕吃苦、有较强的事业心和责任感。

（二）领导素质

施工项目经理是一名领导者，因此应具有较高的组织能力，具体应满足下列要求：

博学多识，明礼诚信。即具有马列主义、现代管理、科学技术、心理学等基础知识，见多识广、眼光开阔。能够客观公正地处理各种关系。

多谋善断，灵活机变。即具有独立解决问题和与外界洽谈业务的能力，思维敏捷，善于抓住最佳的时机，并能当机立断，坚决果断地去实施。当情况发生变化时，能够随机应变地追踪决策，巧妙地处理问题。

团结友爱，知人善任。即用人要五湖四海，知人所长，用其所长，避其所短；尊贤爱才，大公无私，不任人唯亲，不任人唯资，不任人为顺，不任人唯全；宽容大度，有容人之量；善与人同，吃苦在先，享受在后，关心别人胜于关心自己。

公道正直，勤俭自强。以身作则、办事公平、为人正直，敬业奉献，律人先律己，责人先责己。

铁面无私，赏罚严明。即对被领导者赏功罚过，不讲情面，以此建立管理权威，提高管理效率。赏要从严，罚要谨慎。

（三）知识素质

施工项目经理应当是一个专家，具有大、中专以上相应的学历层次和水平，懂得建筑施工技术知识、经济知识、经营管理知识和法律知识。特别要精通项目管理的基本理论和方法，懂得施工项目管理的规律。具有较强的决策能力、组织能力、指挥能力、应变能力，也就是经营管理能力。能够带领项目经理班子成员，团结广大群众一道工作。同时，在业务上必须是内行、专家。此外，每个项目经理还应经过专门的项目经理培训学习，并取得培训合格证书，取得相应资质的项目经理还应按规定定期接受继续教育。承担外资工程的项目经理还应掌握一门外语。

（四）实践经验

每个项目经理必须具有一定的施工实践经历和按规定经过一定的实践锻炼。只有具备了实践经验，才能灵活自如地处理各种可能遇到的实际问题。

（五）身体素质

由于施工项目经理不但要担当繁重的工作，而且工作条件和生活条件都因现场性强而相当艰苦。因此，必须年富力强，具有健康的身体，以便保持充沛的精力和旺盛的意志。

美国项目管理专家约翰·宾认为项目经理应具备的基本素质有六条：

一是具有本专业技术知识；二是有工作干劲，主动承担责任；三是具有成熟而客观的判断能力，成熟是指有经验，能够看出问题来，客观是指他能看取最终目标，而不是只顾眼前；四是具有管理能力；五是诚实可靠与言行一致，答应的事就一定做到；六是机智、精力充沛、能够吃苦耐劳，随时都准备着处理可能发生的事情。

建设部在《建筑施工企业项目经理资质管理办法》中，对项目经理作了如下定义："建筑施工企业项目经理（以下简称项目经理），是指受企业法定代表人委托对工程项目施工过程全面负责的项目管理者，是建筑施工企业法定代表人在工程项目上的代表人，""项目经理实行持证上岗制度。从事工程项目施工管理的项目经理，必须经各省、自治区、直辖市建设行政主管部门或国务院各有关部门组织培训、考核和注册，获得《全国建筑施工企业项目经理培训合格证书》或《建筑施工企业项目经理资质证书》""项目经理经过培训，考试合格后发给项目经理培训合格证"，"经过项目经理岗位工作实践后，达到项目经理资质申请条件的，由本人提出申请，经企业法定代表人签署意见，参加相应级别的项目经理资质考核"。

从以上精神可以看出，施工项目经理的任职条件要求较高，既要具有一定的知识层次和水平，同时又要具有必要的施工和管理经验。

三、施工项目经理的培养与考核

（一）施工项目经理要进行有计划的培养

从长远来看，应该把工程项目管理人员，包括项目经理，当作一个专业，在学校中进行有计划的人才培养，克服目前项目经理人才资源的贫乏状况。可以在大学培训，再进行实际锻炼；也可从实际工作中抽调人员到大学进行有计划的在职培训。

当前，可以从工程师、经济师以及有专业专长的工程管理技术人员中，注意发现那些熟悉专业技术，懂得管理知识，表现出色，有较强组织能力、社会活动能力和兴趣比较广泛的人，经过基本素质考察后，作为项目经理预备人才加以有目的地培养，主要是在取得专业工作经验以后，给以从事项目管理的锻炼的机会，既挑担子，又接受考察，使之逐步具备项目经理条件，然后上岗。在锻炼中，重点内容是项目的设计、施工、采购和管理知识及技能，对项目计划安排、网络计划编排、工程概预算和估算、招标投标工作、合同业务、质量检验、技术措施制定及财务结算等工作，均要给予学习机会和锻炼机会。

大中型工程的项目经理，在上岗前要在别的项目经理的带领下，接受项目副经理、助理或见习项目经理的锻炼，或独立承担小型项目经理工作。经过锻炼，积累经验，并证明确实有担任大中型工程项目经理的能力后，才能委以大中型项目经理的重任。但在初期，还应给予指导、培养与考核、使其眼界进一步开阔，经验逐步丰富，成长为德才兼备，理论和实践兼能、技术和经济兼通、管理与组织兼行的项目经理。

总之，经过培养和锻炼，施工项目经理的工程专业知识和项目管理能力才能提高，才能承担重大工程项目的管理重任。

培养项目经理的管理知识应当包括：①现代项目管理基本知识。重点是项目及项目管理的特点和规律、管理思想、管理程序、管理体制及组织机构、项目计划、项目合同、项目控制、项目谈判及各种"过程"的知识。②项目管理技术培训。重点是项目管理主要管理技术，包括网络技术、项目计划管理、项目造价管理及成本控制、项目合同管理、项目组织管理、项目协调技术、行为科学、系统工程、价值工程、计算机技术、项目管理信息系统等。培训方法可以是：系统讲授管理基本知识和管理技术；采用经验交流会或学术会议的方式进行经验交流，推广试点经验；重点参观学习先进经验；进行案例剖析；进行模拟训练，即模拟项目实际情况，模拟谈判场所等，让学员扮演角色亲历其境，处理其事，以接受锻炼。

（二）项目经理的资质等级和申请条件

根据新颁发的《建筑业企业资质管理规定》项目经理资质分为一、二、三级。

（1）一级项目经理：担任过一个一级以上建筑业企业（含一、二级施工总承包企业）及一级专业承包企业资质标准要求的工程项目施工管理工作的主要负责人，并已取得国家认可的高级专业技术职称者。

（2）二级项目经理：担任过两个工程项目、其中至少一个为二级专业承包企业资质标准要求的工程项目施工管理工作的主要负责人，并已取得国家认可的中级以上专业技术职称者。

（3）三级项目经理：担任过两个工程项目、其中至少一个为三级专业承包企业资质标准要求的工程项目施工管理工作的主要负责人，并已取得国家认可的中级以上专业技术职称者。

（三）项目经理的资质考核和注册

建设部关于项目经理资质考核内容主要包括以下几点：

（1）申请人的技术职称证书、项目经理培训合格证（复印件）。

（2）申请人从事建设工程项目管理工作简历和主要业绩。

（3）有关方面对建设工程项目管理水平、完成情况（包括工期、效益、工程质量、施工安全等）的评价。

（4）填报"项目经理资质申报表"。

各省、自治区、直辖市建设行政主管部门和国务院各部门根据企业上报申请材料，组织专家委员会评审合格后由主管部门认定批准。注册，发给相应等级的项目经理资质证书。其中一级项目经理须报建设部认可后方能发给资质证书。该证书由建设部统一印制，全国通用。已取得项目经理资质证书的，各企业应给予其相应的企业管理人员待遇，并实行项目经理岗位工资和奖励制度。

四、施工项目经理的选择

选择施工项目经理应坚持三个基本点：一是选择的方式必须有利于选聘适合项目管理的人担任项目经理；二是产生的程序必须具有一定的资质审查和监督机制；三是最后决定人选必须按照"党委把关、经理聘任"的原则由企业经理任命。

目前我国选择施工项目经理一般有以下三种方式。

（1）竞争招聘制。招聘的范围可面向社会，但要本着先内后外的原则，其程序是：个人自荐，组织审查，答辩演讲，择优选聘。这种方式既可选优，又可增强项目经理的竞争意识和责任心。

（2）经理委任制。委任的范围一般限于企业内部在职人员，其程序是经过经理提名，组织人事部门考察，党政联席办公会议决定。这种方式要求组织人事部门严格考核，公司法定代表人知人善任。

（3）基层推荐、内部协调制。这种方式一般是企业各基层单位向公司推荐若干人选，然后由人事组织部门集中各方面意见，进行严格考核后，提出拟聘用人选，报企业党政联席会议研究决定。

项目经理一经任命产生后，其身份是企业法定代表人在项目上的委托授权代理人，他与企业经理虽然是上下级关系。但双方经过协商，签订了《项目管理目标责任书》，如无特殊原因，在项目未完成前不宜随意更换。

项目经理的选拔程序可参考图 3-1。

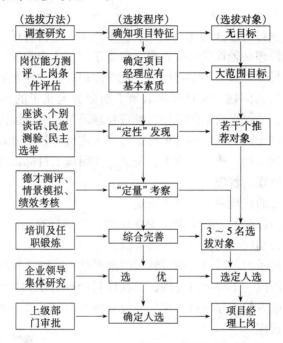

图 3-1　选拔项目经理程序、方法、对象关系图

五、施工项目经理的基本工作和经常性工作

（一）施工项目经理应做好的基本工作

（1）规划施工项目管理目标。施工项目经理应当对质量、工期、成本目标作出规划；应当组织项目经理班子成员对目标系统做出详细规划，进行目标管理。目标规划工作，从根本上决定了项目管理的效能。再者，确定了项目管理目标，就可以使群众的活动有了中心，把群众的活动拧到一股绳上。

（2）制定制度和规范。就是建立合理而有效的项目管理组织机构及制定重要规章制度和规范（规程），从而保证规划目标的实现。规章制度和规范必须符合现代管理基本原理，必须面向全体职工，使他们乐于接受，以有利于推进规划目标的实现。规章制度和规范由项目经理组织执行机构制定，项目经理给予审批、督促和效果考核。

（3）选用人才。一个优秀的项目经理，必须下一番功夫去选择好项目经理班子成员及主要的业务人员。一个项目经理在选人时，应坚持精干高效原则，要选得其才，用得其能，置得其所。

（二）施工项目经理的经常性工作

（1）决策。项目经理对重大决策必须按照完整的科学方法进行。项目经理不需要包揽一切决策，只有如下两种情况要项目经理做出及时明确的决断：

一个是出现了非规范事件，即例外性事件，例如特别的合同变更，对某种特殊材料的购买，领导重要指示的执行决策等。

另一个是下级请示的重大问题、即涉及项目目标的全局性问题，项目经理要明确及时做出决断，不要模棱两可，更不可遇到问题绕着走。

（2）深入实际。项目经理必须经常深入实际，密切联系群众，这样才能体察下情，了解实际，能够发现问题，便于开展领导工作，把问题解决在群众面前，把关键工作做在最恰当的时候。

（3）继续学习。项目管理涉及现代生产、科学技术、经营管理，它往往集中了这三者的最新成就。故项目经理必须接受继续教育、事先学习、干中学习。事实上，群众的水平是在不断提高的。项目经理如果不学习提高，就不能很好地领导水平提高了的下属。也不能很好地解决出现了的新问题。项目经理必须不断抛弃老化了的知识，及时地学习新知识、新思想和新方法。要跟上改革的形势，推进管理改革，适应国内、国际市场的需求。

（4）实施合同。对合同中确定的各项目标的实现进行有效的协调与控制。协调各种关系。组织全体职工实现工期、质量、成本、安全、文明施工目标，提高经济效益。

六、对施工项目经理的管理

建设部对项目经理的管理做出了以下规定：

（1）项目经理是岗位职务，在承担工程建设时，必须具有国家授予的项目经理资质，其承担工程规模应符合相应的项目经理资质等级。

（2）各级项目经理承担工程建设项目管理的范围是：一级项目经理可承担一级以上资质建筑业企业营业范围内的工程项目管理；二级项目经理可承担二级资质以下（含二级）专业承包企业营业范围内的工程项目管理；三级项目经理可承担三级资质专业承包企业营业范围内的工程项目管理。

（3）《全国建筑业企业项目经理培训合格证书》持有者，自领取证书起三年内未经注册，其证书失效，不得在工程项目施工管理工作中担任项目经理岗位职务。

（4）项目经理资质管理部门每二年对《建筑业企业建设工程项目经理资格证书》持有者复查一次，其复查工作按以下程序进行：

1）受检项目经理按规定时间向资质管理部门提交《建筑业企业项目经理资质复查表》、《建筑业企业建设工程项目经理资格证书》。

2）资质管理部门在审查核实有关资料后，应对项目经理资质复查做出结论，记录在《建筑业企业建设工程项目经理资格证书》（副本）的《复查记录》栏内。

（5）复查结论分为合格、不合格、不在岗三种：

1）项目经理履行项目承包合同，且未发生工程建设重大事故及违法行为，为"合格"；

2）项目经理未能履行项目承包合同，或发生过一起三级工程建设重大事故，或发生过两起以上四级工程建设重大事故，或发生过重大违法行为的，均为"不合格"；

3）项目经理在工程项目施工管理工作中未担任项目经理岗位职务的，为"不在岗"。

（6）连续二次复查结论为"不合格"者，降低资质等级一级。连续二次复查结论为"不在岗"者，需重新注册认定后方可担任项目经理职务。

（7）项目经理达到上一级资质等级条件的，可随时提出升级申请。

（8）项目经理原则只能承担一个工程项目施工的管理工作。

（9）各级建设主管部门和建筑业企业应加强对项目经理的管理和培养工作，并将建设单位（或建设监理单位、工程质量监督部门）对项目经理完成工程建设情况的评价及其工作业绩记录在案，作为其晋职和专业技术职称评定的重要依据。

已取得项目经理资质证书的，各企业应给予其相应的企业管理人员待遇，并实行项目岗位工资和奖励制度。

（10）对于弄虚作假或者以不正当手段取得项目经理资质证书的，由发证机关收回其资质证书，并在三年内不得申请注册。

（11）项目经理资质考核委员擅自降低项目经理资质考核条件，使不合格人员通过资质考核，发证机关未按规定程序办理注册发证手续的，上级建设主管部门应对直接责任者依情节轻重给予相应的行政处分。

（12）没有取得项目经理培训合格证书或资质证书的人员担任项目经理工作的，或越级承担工程项目施工管理工作的，由工程所在地的建设行政主管部门责令其离岗，对于其所在单位可以根据情节轻重分别给予通报批评、罚款的处罚。

（13）伪造、涂改、出卖或转让《建筑业企业建设工程项目经理资格证书》、《全国建筑业企业项目经理培训合格证》的，由企业所在地建设行政主管部门视情节轻重分别给予警告、扣留资质证书（或培训合格证书）、罚款或取消资质的处罚。

（14）项目经理因管理不善，发生二级工程建设重大事故或两起以上三级工程建设重大事故的，降低资质等级一级。触犯刑律的，由司法机关依法追究刑事责任。

项目经理在降低资质等级期间再发生一起四级以上工程建设重大事故，给予项目经理吊销资质证书的处罚。

（15）被降低资质等级的项目经理，需两年后经检查合格方可申请恢复原资质等级。被吊销项目经理资质证书的项目经理，需3年后才能申请项目经理资质注册。

第二节　施工项目经理责任制

一、施工项目经理责任制的概念

随着社会主义市场机制的建立和建筑业企业项目管理体制改革的不断深化，建筑业企业已经形成了比较完善的经营管理体系。一方面由于企业的工程任务是通过建筑市场招投标获得，企业和建设单位签订合同的各项条款要求最终通过各项经济活动转到以项目为中心的总包管理上来；另一方面，企业对国家确保要完成的各项经济技术指标也要通过项目管理目标落实到项目上来，因此企业必须建立和完善以施工项目管理为基点的责任管理机制。所以，项目经理责任制是完成建设单位和国家对企业要求的最终落脚点。通过强化建立项目经理全面组织生产诸要素优化配置的责任、权力、利益和风险机制，更有利于对施工项目、工期、质量、成本、安全等各项目标实施强有力的管理。否则，项目管理就缺乏动力和压力，也缺乏法律保证。

（一）施工项目经理责任制的含义

施工项目经理责任制，是指以项目经理为责任主体的施工项目管理目标责任制度。用以确立项目经理部与企业、职工三者之间的责、权、利关系。它是以施工项目为对象，以项目经理全面负责为前提，以项目目标责任书为依据，以创优质工程为目标，以求得项目产品的最佳经济效益为目的，实行从施工项目开工到竣工验收交工的一次性全过程的管理。

（二）施工项目经理责任制的特点

施工项目经理责任制和其他承包经营制比较有以下特点：

（1）对象终一性。它以施工项目为对象，实行建筑产品形成过程的一次性全面负责不同于过去企业的年度或阶段性承包。

（2）主体直接性。它实行经理负责、全员管理、标价分离、指标考核、项目核算，确保上缴集约增效、超额奖励的复合型指标责任制，重点突出了项目经理个人的主要责任。

（3）内容全面性。项目经理责任制是根据先进、合理、实用、可行的原则，以保证提高工程质量，缩短工期、降低成本、保证安全和文明施工等各项目标为内容的全过程的目标责任制。它明显地区别于单项或利润指标承包。

（4）责任风险性。项目经理责任制充分体现了"指标突出、责任明确、利益直接、考核严格"的基本要求。其最终结果与项目经理部成员、特别是与项目经理的行政晋升、奖、罚等个人利益直接挂钩，经济利益与责任风险同在。

二、施工项目经理责任制的作用

施工项目经理责任制在施工项目管理中的作用，主要表现为以下几点：

（1）有利于明确项目经理与企业和职工三者之间的责、权、利、效关系。

（2）有利于运用经济手段强化对施工项目的法制管理。

（3）有利于项目规范化、科学化管理和提高产品质量。

（4）有利于促进和提高企业项目管理的经济效益和社会效益，不断解放和发展生产力。

三、施工项目经理责任制管理目标确立的原则

（一）实事求是原则

施工项目目标管理责任书制定形式和指标确定是责任制的重要内容，企业应力求从施工项目管理的实际出发，做到如下几点：一是具有先进性，不搞"保险承包"，在指标的确定上，应以先进水平为标准，应避免"不费力、无风险、稳收入"的现象出现；二是具有合理性，不搞"一刀切"，不同的工程类型和施工条件，采取不同的经济技术指标，不同的职能人员实行不同的岗位责任制，力争做到大家在同一起跑线上的平等竞争，减少分配不公现象；三是具有可行性，不追求形式，对因不可抗力而导致项目管理目标责任难以实施的，应及时调整，以使每个责任人既要感到风险压力，又能充满必胜的信念，避免"以包代保"、"以包代管"等现象。

（二）兼顾企业、项目经理和职工三者利益的原则

在施工项目经理责任制中，企业、项目经理和职工三者的根本利益是一致的。一方面施工项目责任制应把保证企业利益放在首位；另一方面，也应维护项目经理和职工的正当利益，特别是在确定个人收入基数时，切实贯彻按劳分配，多劳多得的原则。

（三）责、权、利、效统一的原则

责、权、利、效的统一，是施工项目经理责任制的一项基本原则，这里特别需要注意的是，必须把效（即企业的经济效益和社会效益）放在重要地位。因为虽尽到了责任，获得相应的权力和利益，不一定就必然会产生好的效益，责、权、利的结合应最终围绕企业的整体效益来运行。

四、施工项目经理责任制的主体与重点

(1) 施工项目管理的主体是项目经理个人全面负责,项目管理班子集体全员管理。施工项目管理的成果不仅仅是项目经理个人的功劳。项目管理班子是一个集体,没有集体的团结协作就不会取得成功。由于领导班子明确了分工,使每个成员都分担了一定的责任,大家一致对国家和企业负责,共同享受企业的利益。但是由于责任不同、承担风险也不同,比如质量项目经理是要承担终身责任。所以,项目经理责任制的主体必然是项目经理。

(2) 施工项目经理责任制的重点在于管理。管理是科学,是规律性的活动。施工项目经理责任制的重点必须放在管理上。如果说企业经理应当是战略家,那么项目经理就应当是战术家。企业经理决定打不打这一仗,是决策者的责任,项目经理研究如何打好这一仗,是管理者的责任。因此,施工项目经理责任制要注重管理的内涵和运用。

五、实行施工项目经理责任制的条件

实行施工项目经理责任制,必须坚持管理层与劳务(作业)层分离的原则,依靠市场,实行业务系统化管理,通过人、财、物各要素的优化组合,即发挥系统管理的有效职能,使管理向专业化、科学化发展,又赋予项目经理一定的权力,促使施工项目高速、优质、低耗地全面完成。施工项目经理责任制必须具备下列条件:

(1) 项目任务落实、开工手续齐全,具有切实可行的项目管理规划大纲或施工组织总设计。

(2) 各种工程技术资料、施工图纸、劳动力配备、三大主材落实,能按计划提供。

(3) 有一批懂技术、会管理、敢负责并掌握施工项目管理技术的人才,组织一个精干、得力、高效的项目管理班子。

(4) 建立企业业务工作系统化管理,使企业具有为项目经理部提供人力资源、材料、设备及生活设施等各项服务的功能。

第三节 施工项目经理的责权利

一、施工项目经理的任务与职责

(一) 施工项目经理的任务

项目经理的任务与职责主要包括两个方面:一是要保证施工项目按照规定的目标高速优质低耗地全面完成,另一方面是保证各生产要素在项目经理授权范围内最大限度地优化配置,具体包括以下几项:

(1) 确定项目管理组织机构的构成并配备人员,制定规章制度,明确有关人员的职责,组织项目经理部开展工作。

(2) 确定管理总目标和阶段目标,进行目标分解,实行总体控制,确保项目建设成功。

(3) 及时、适当地做出项目管理决策,包括投标报价决策、人事任免决策、重大技术组织措施决策、财务工作决策、资源调配决策、进度决策、合同签订及变更决策,对合同执行进行严格管理。

(4) 协调本组织机构与各协作单位之间的协作配合及经济、技术关系,在授权范围内代理(企业法人)进行有关签证,并进行相互监督、检查,确保质量、工期、成本控制和节约。

（5）建立完善的内部及对外信息管理系统。

（6）实施合同，处理好合同变更、洽商纠纷和索赔，处理好总分包关系，搞好与有关单位的协作配合，与建设单位相互监督。

（二）施工项目经理的职责

施工项目经理的职责是由其所承担的任务决定的。施工项目经理应当履行以下职责：

（1）贯彻执行国家和工程所在地政府的有关法律、法规和政策，执行企业的各项管理制度，维护企业整体利益和经济权益。

（2）严格财经制度，加强成本核算，积极组织工程款回收，正确处理国家、企业与项目及其他单位个人的利益关系。

（3）签订和组织履行《项目管理目标责任书》，执行企业与业主签订的《项目承包合同》中由项目经理负责履行的各项条款。

（4）对工程项目施工进行有效控制，执行有关技术规范和标准，积极推广应用新技术、新工艺、新材料和项目管理软件集成系统，确保工程质量和工期，实现安全、文明生产，努力提高经济效益。

（5）组织编制工程项目施工组织设计，包括工程进度计划和技术方案，制订安全生产和保证质量措施，并组织实施。

（6）根据公司年(季)度施工生产计划，组织编制季(月)度施工计划，包括劳动力，材料，构件和机械设备的使用计划。据此与有关部门签订供需包保和租赁合同，并严格履行。

（7）科学组织和管理进入项目工地的人、财、物资源，做好人力、物力和机械设备等资源的优化配置，沟通、协调和处理与分包单位、建设单位，监理工程师之间的关系，及时解决施工中出现的问题。

（8）组织制定项目经理部各类管理人员的职责权限和各项规章制度，搞好与公司机关各职能部门的业务联系和经济往来，定期向公司经理报告工作。

（9）做好工程竣工结算、资料整理归档，接受企业审计并做好项目经理部的解体与善后工作。

二、施工项目经理的权限

赋予施工项目经理一定的权力是确保项目经理承担相应责任的先决条件。为了履行项目经理的职责，施工项目经理必须具有一定的权限，这些权限应由企业法人代表授予，并用制度和目标责任书的形式具体确定下来。施工项目经理在授权和企业规章制度范围内，应具有以下权限。

1. 用人决策权

项目经理有权决定项目管理机构班子的设置，聘任有关管理人员，选择作业队伍对班子内的成员的任职情况进行考核监督，决定奖惩，乃至辞退。当然，项目经理的用人权应当以不违背企业的人事制度为前提。

2. 财务支付权

项目经理应有权根据工程需要和生产计划的安排，做出投资动用、流动资金周转、固定资产机械设备租赁、使用的决策，对项目管理班子内的计酬方式、分配办法、分配方案等作出决策。

3. 进度计划控制权

参与企业进行的施工项目承包招投标和合同签订，并根据项目进度总目标和阶段性目标的要求，对项目建设的进度进行检查、调整，并在资源上进行调配，从而对进度计划进行有效的控制。

4. 技术质量决策权

根据项目管理实施规划或施工组织设计，有权批准重大技术方案和重大技术措施，必要时召开技术方案论证会，把好技术决策关和质量关，防止技术上决策失误，主持处理重大质量事故。

5. 物资采购管理权

按照企业物资采购分类和分工对采购方案、目标、到货要求，乃至对供货单位的选择、项目现场存放策略等进行决策和管理。

6. 现场管理协调权

代表公司协调与施工项目有关的内外部关系，有权处理现场突发事件，但事后需及时报公司主管部门。

建设部有关文件中对施工项目经理的管理权力作了以下规定：

（1）组织项目管理班子。

（2）以企业法人代表人的代表身份处理与所承担的工程项目有关的外部关系，受委托签署有关合同。

（3）指挥工程项目建设的生产经营活动，调配并管理进入工程项目的人力、资金、物资、机械设备等生产要素。

（4）选择施工作业队伍。

（5）进行合理的经济分配。

（6）企业法定代表人授予的其他管理权力。

各省、自治区、直辖市的建筑施工企业根据上述规定，结合本企业的实际，亦做出了相应的规定。如某企业规定，项目经理有以下权限：

（1）有权以法人代表委托代理人的身份与建设单位洽谈业务，签署洽商和有关业务性文件。

（2）对工程项目有经营决策和生产指挥权，对凡进入现场的人、财、物有统一调配使用权。

（3）在与有关部门协商的基础上，有聘任项目管理班子成员、选择栋号（作业）队长以及劳务输入单位的权利。

（4）有内部承包方式的选择权和工资、奖金的分配权，以及按合同的有关规定对工地职工辞退、奖惩权。

（5）对公司经理和有关部门违反合同行为的摊派有权拒绝接受，并对对方违反经济合同所造成的经济损失有索赔权。

三、施工项目经理的利益

施工项目经理最终的利益是项目经理行使权力和承担责任的结果，也是市场经济条件下责、权、利、效相互统一的具体体现。利益可分为两大类：一是物质兑现，二是精神奖励。项目经理应享有以下利益：

（1）获得基本工资、岗位工资和绩效工资。

（2）在全面完成《施工项目管理目标责任书》确定的各项责任目标，交工验收并结算后，接受企业的考核和审计，除按规定获得物质奖励外，还可获得表彰、记功、优秀项目经理等荣誉称号和其他精神奖励。

（3）经考核和审计，未完成《施工项目管理目标责任书》确定的责任目标或造成亏损的，按有关条款承担责任，并接受经济或行政处罚。

这里再介绍某企业执行的两种方案。

项目经理按规定标准享受岗位效益工资和月度奖金（奖金暂不发）、年终各项指标和整个工程项目，都达到承包合同（责任状）指标要求的，按合同奖罚一次性兑现，其年度奖励可为风险抵押金额的二至三倍。项目终审盈余时，可按利润超额比例提成予以奖励（具体分配办法根据各部门各地区、各企业有关规定执行）。整个工程项目竣工综合承包指标全面完成贡献突出的，除按项目承包合同兑现外，可晋升一级档案工资或授予优秀项目经理等荣誉称号。

如果承包指标未按合同要求完成，可根据年度工程项目承包合同奖罚条款扣减风险抵押金，直至月度奖金全部免除。如属个人直接责任，致使工程项目质量粗糙、工期拖延、成本亏损或造成重大安全事故的，除全部没收抵押金和扣发奖金外，还要处以一次性罚款并下浮一级档案工资，性质严重者要按有关规定追究责任。

值得着重指出的是，从行为科学的理论观点来看，对施工项目经理的利益兑现应在分析的基础上区别对待，满足其最迫切的需要，以真正通过激励调动其积极性。行为科学认为，人的需要由低层次到高层次分别有：物质的、安全的、社会的、自尊的和理想的。如把前两种需要称为"物质的"则其他三种需要为"精神的"于是每进行激励之前，应分析该项目经理的最迫切需要，不能盲目地只讲物质激励。一定意义上说，精神激励的面要大，作用会更显著。精神激励如何兑现，应不断进行研究，积累经验。

第四节　施工项目经理责任制管理目标责任体系的建立与考核

责任制体现了施工企业生产方式与建筑市场招投标机制的统一，有利于企业经营机制的转换。其作用的最大发挥取决于是否建立起以项目经理为核心的指标责任网络体系。做到管理责任纵向到底、横向到边、纵横交错、不留死角。但在具体实施做法上不搞一种模式，企业可根据具体情况实践和探索并不断创新。许多企业在推行施工项目管理过程中积极探索，创造了不少好的管理模式和方法。

一、施工项目经理责任制管理目标责任体系

施工项目管理目标责任体系的建立是实现项目经理责任制的重要内容，项目经理之所以能对工程项目承担责任，就是因为有自上而下的目标管理和岗位责任制作基础。

1. 项目经理与企业经理（法人代表）之间的责任制

一是项目经理产生后，与企业经理就工程项目全过程管理签订《项目管理目标责任书》。其内容是对施工项目从开工到竣工交付使用全过程及项目经理部建立、解体和善后处理期间重大问题的办理而事先形成的具有企业法规性的文件。这种责任书，也是项目经理的"任职目标"。责任书的签订须经双方同意并经企业工会鉴证、具有很强的约束力。

《项目管理目标责任书》的内容是：

（1）企业各业务部门与项目经理之间的关系。

（2）项目经理使用作业队的方式；项目的材料供应方式和机械设备供应方式。

（3）按中标价与项目可控责任成本分离的原则确定项目经理目标责任成本。

（4）施工项目应达到的质量目标、安全目标、进度目标和文明施工目标。

（5）《施工项目管理制度》规定以外的、由法定代表人向项目经理的授权。

（6）企业对项目经理进行奖惩的依据、标准、办法及应承担的风险。

（7）项目经理解职及项目经理部解体的条件及方法。

（8）《项目管理目标责任书》争议的行政解决办法。

二是在《项目管理目标责任书》的总体指标内，按企业当年综合计划，项目经理与企业经理签订《年度项目经理经营责任状》。因为有些项目经理部承担的施工任务跨年度，甚至好几年，如果只有《项目管理目标责任书》而无近期年度责任状，就很难保证工程项目的最终目标实现。《年度项目经理经营责任状》是以公司当年统一下达给各项目经理部计划指标为依据，主要内容包括"施工产值、工程形象进度、工程质量（含分项工程优良率和单位工程竣工优良率）、成本降低率、文明施工和安全生产要求。"

2．项目经理与本部其他人员之间的管理目标责任制

项目经理在实行个人负责制的过程中，还必须按"管理的幅度"和"能位匹配"等原则，将"一人负责"转变为"人人尽职尽责"，在内部建立以项目经理为中心的分工负责岗位目标管理责任制。

一是按"双向选择、择优聘用"的原则，配备合格的管理班子。

二是确定明确每一业务岗位的工作职责。按业务系统管理方法，在系统基层业务人员的工作职责基础上，进一步将每一业务岗位工作职责具体化、规范化，尤其是各业务人员之间的分工协作关系，一定要规定清楚。

三是签订系统人员业务上岗责任状，明确各自的责、权、利、这是企业横向目标管理责任制落实到个人的具体反映。

二、企业推行和建立项目管理目标责任体系的做法

这里我们重点介绍某企业建立和实行的一条原则、两个坚持、三种目标责任类型、四种分配制度的四全二多（全员、全额、全过程、全方位、多层次、多形式）的管理目标经济责任制体系的基本做法：

（一）一条原则，两个坚持

即本着"宏观控制，微观搞活"的原则；坚持推行以项目管理为核心，业务系统管理为基础，思想政治工作为保证的全员管理责任制；坚持运用法律手段建立企业内部全员目标责任制。

（二）三种目标责任制类型

1．以施工项目为对象的三个层次的目标责任制

施工项目管理的好坏不仅关系到经理部的命运，而且直接关系到企业的根本利益。所以，项目、栋号、班组这三个层次之间责任制的落实必须首先体现企业和国家的利益，本着"指标突出、责任明确、利益直接、考核严格、个人负责、全员管理、民主监督"的原则进行。

（1）企业在某一个项目中标后按照"标价分离"的原则对项目经理部是以项目的施工预算为依据，扣除有关费用后作为基数承担责任。为使各项目经理在同一起跑线上公平竞争，防止苦乐不均，企业无论是对新开工或是在建工程都要统一按预算定额标准计算费用指标。项目经理部

自行与设计、建设单位办理洽商签证,经有关鉴证机构认可后,可追加其费用。

(2) 施工项目经理部与栋号(作业)分包队的责任制。项目经理部对栋号(作业)分包队的责任落实,是施工项目责任制范围内的又一个层次的管理。在通常情况下,是以单位工程为对象,施工预算为依据,质量管理为中心,成本管理为手段,通过签订栋号目标责任书,实行"一包,两奖,四挂,五保"经济责任制。"一包"是分包队按施工预算的有关费用一次包死;"二奖"是实行优质工程奖和材料节约奖;"四挂"是工资总额的核定与质量、工期(形象进度)、成本、文明施工四项指标挂钩;"五保"是项目经理部发包时要保证任务安排连续性、料具按时供应、技术指导及时、劳动力和技术工种配套、政策稳定,责任目标兑现。栋号长交纳风险抵押金,竣工验收审计考核后一次奖罚兑现。《栋号目标责任书》的主要内容包括:工程概况,分包范围,费用,总工期,年度主要部位形象进度要求,竣工工程质量目标和分部分项工程质量要求,安全、文明施工现场目标,实现施工利润和上缴费用数额,考核、奖罚标准,争议、纠纷处理办法,责任书的修改终结,栋号(作业)队解体后的条件和制约措施,双方责、权、效、利规定等。

进行两层分离后栋号作业承包队应是劳务分包公司,它与项目经理部的关系应是合同履行关系,可按上述要求签订合同。

(3) 栋号(作业)队对班组实行"三定一全四加奖"管理制。"三定"是定质量等级、定形象进度、定安全标准,"一全"是全额计件承包,"四加奖"是材料节约奖、工具包干及模板架具维护奖和四小活动奖(小发明、小建议、小革新、小创造)。栋号(作业)队如果是劳务分包公司,则这个层次的关系是他们的内部关系。

2. 第二种类型的目标责任制是指以施工项目分包单位为对象的经济责任制

(1) 项目经理部与水电分包队之间的关系。水电设备安装施工中的项目质量目标、安全文明现场管理、形象进度等,必须服从项目经理部的总体要求,并接受其监督管理。

(2) 项目经理部与土方运输专业队之间的关系。项目经理部与土方运输专业分包队之间,是一种合同关系。土方工程产值由项目经理部统计上报,双方按实际土方量、运距和地方统一规定的预算单价标准计算费用,并签订分包合同。

3. 第三种类型的目标责任制是指以企业职能部门与各项目经理部之间的关系

企业各职能部门为项目管理提供服务、指导、协调、控制、监督保证,应把其工作分为三个部分,实行业务管理责任制。一是对企业管理负责的职能性工作,包括制订规章制度、研究改进工作、指导基层管理、监督检查执行情况、沟通对外联系渠道、提供决策方案等。二是对企业效益负责的职权性工作,包括严格掌管财与物,为现场提供业务服务,帮助现场解决问题等。对项目而言,部室管理部门与后勤部门如保障不力就会影响工程的进展。三是按照软指标硬化的原则,对部室实行"五费"包干,即包工资,增人不增资,减人不减资;包办公费、招待费、交通费、差旅费,做到超额自负,节约按比例提取奖励。

项目硬指标的规定,有动力,也有压力;部室设有硬指标的考核,缺少压力,也没有动力。企业是个联动机,项目是企业的主要经济来源,要使项目这个轮子正常运转,职能部门必须同步转动,而同步运转的关键是要抓好部室责任制的落实和考核。部室的考核必须与施工项目挂钩,通过经济杠杆把部室与项目联成一个整体。

(三) 四种工资制度

(1) 一线工人实行全额累进计件工资制。

（2）二、三线工人实行结构浮动效益工资制。

（3）干部实行岗位效益工资制。

（4）对于无法用以上三种方式计酬的部分职工，则视不同情况，分别实行档案工资和内部待业、待岗工资制。

三、施工项目管理目标责任制的考核

考核是施工项目管理责任制在生效期间的必要内容。考核的目的和作用，是对其经营效果或经济责任制履行情况的总结，也可以说是对责任单位和个人经营活动的合法性、真实性、有效性程度做出符合客观事物的评价。这对于爱护、鼓励和进一步调动责任单位和个人的积极性，维护施工项目责任制的严肃性、公正性、连续性都大有好处。

（一）项目经理部责任制考核

项目经理部在项目的生产经营中，发挥着相对独立的决策、指挥、协调等各种职能作用，承担着处理企业内外和上下左右各方面的经济关系的责任，因此，对项目经理部的考核内容也应是多方面的。

1．考核依据

主要是《项目管理目标责任书》和项目经理部在考核期内生产经营的实际效果两大部分。

2．考核内容

项目经理部是企业内部相对独立的生产经营管理实体，其工作的目标，就是通过项目管理活动，确保经济效益和社会效益的提高。因此，考核内容主要也是围绕"两个效益"，全面考核并与单位工资总额和个人收入挂钩。工期、质量、安全等指标实行单项考核，奖罚同工资总额挂钩浮动。

3．考核方法

一是在组织机构上，企业应成立专门的考核领导小组，由主管生产经营的领导挂帅，三总师及经营、工程、安全、质量、财会、审计等有关部门领导参加。日常工作由公司经营管理部门负责。考核领导小组对个别特殊问题进行研究商定，对整个考核结果集体审核并讨论通过，最后报请企业经理办公会决定。

二是在考核周期上，每月由经营管理部门按统计报表和文件规定，进行政审性的考核。季度由考委会按纵横考评结果和经济效益综合考核，预算工资总额，确定管理人员岗位效益工资档次。年末全面考核，进行工资总额结算和人员最终奖罚兑现。

（二）栋号（作业）分包队的责任制考核

项目经理部下属的栋号（作业）分包队，由项目经理部按双方所签责任状的规定负责考核。其方法是月预提、季预结，年全面考核结算。由于施工项目经理部下属的栋号（作业）分包，只是对直接费的承包，所以不能简单地照搬企业对项目的办法，而应按实际节约值的工资提成比例分别计算。这个考核办法可供劳务分包公司参考。

（三）施工生产班组的责任考核

施工生产班组以综合施工任务书为依据，实行全额累进计件工资、优质优价和材料节余奖。其考核的内容和范围相对来说比较少，考核单位应把好施工任务书在工前编制下达、工中检查验收、工完结算兑现三关。对于因班组自身责任造成的质量返工、工伤事故、材料超耗等，应严格按规定执行；若由考核单位造成以上问题时，班组可依据规定索赔，考核单位也应如实给予补偿。

第四章　施工项目目标控制

第一节　施工项目管理规划

一、施工项目管理规划的概念和特点

（一）概念

有两类施工项目管理规划。一类是施工项目管理规划大纲，是企业管理层在投标之前编制的，旨在作为投标依据，满足招标文件要求及签订合同要求的管理规划文件。另一类是施工项目管理实施规划，是在开工之前由项目经理主持编制的，旨在指导施工项目实施阶段管理的规划文件。

（二）施工项目管理规划大纲的特点

施工项目管理规划大纲有以下特点

1．为投标签约提供依据

建筑业企业为了取得施工项目而进行投标之前，应认真规划投标方案，其主要依据就是施工项目管理规划大纲，因为该大纲根据招标文件和项目的实际情况提出项目目标和实施计划，并有保证计划实现的技术组织措施。根据施工项目管理规划大纲编制投标文件，既可使投标文件具有竞争力，又可满足招标文件对施工组织设计的要求，还可为签订合同、进行谈判提前做出筹划和提供资料。

2．其内容具有纲领性

施工项目管理规划大纲，实际上是建筑业企业在投标前对项目管理的全过程所进行的规划，此时既未中标，更难以对实施过程做出较具体的安排，故只能是纲领性的。这既是准备中标后实现对发包人承诺的管理纲领，又是预期未来项目管理可实现的计划目标，影响项目管理的全寿命。

3．追求经济效益

施工项目管理规划大纲的编制，首先有利于投标得中，其次有利于签订合同，第三有利于全过程的项目管理，故它是一份经营性文件，或相当于一份经营计划，追求的是经济效益。主导这份文件的主线是投标报价、合同造价和工程成本，是企业通过承揽该项目所期望的经济成果。

（三）施工项目管理实施规划的特点

1．是施工项目实施过程的管理依据

施工项目管理实施规划在签订合同之后编制，指导施工准备阶段、施工阶段和交工验收阶段的项目管理。它既为这个过程提出管理目标，又为实现目标做出管理规划，故是项目实施过程的管理依据，对项目管理取得成功具有决定意义。

2．其内容具有实施性

施工项目管理实施规划是由项目经理部编制的，目的是为指导实施过程，依据现实而具体可靠，所以既要求它具有实施性，又有具有实施性的可能性。实施性是指它可以作为实施阶段项目管理操作的依据和工作目标，而不再是纲领性的。

3. 追求管理效率和良好效果

施工项目管理实施规划可以起到提高管理效率的作用。这是因为"凡事预则立，不预则废"，事先有规划，事中有"章法"，目标明确，安排得当，措施有力，必然会产生高效率，取得理想效果。

（四）施工项目管理规划和施工组织设计的关系

施工组织设计是向前苏联学到的、指导施工准备和施工的全局性技术经济文件。它沿用至今并已成为施工管理的一项制度、习惯，并与各项专业管理配套实施、相互依存和制约。但是它的性质决定它不能代替施工项目管理规划指导施工项目管理，尤其是它不能解决目标规划、风险规划和技术组织措施规划问题。要搞好施工项目管理，必须编制施工项目管理规划。

在投标前，应由企业管理层编制项目管理规划大纲（或以"施工组织总设计"代替）；在开工前，应由项目经理组织编制施工项目管理实施规划（或以"施工组织设计"代替）。若承包人以编制施工组织设计代替项目管理规划，则施工组织设计应满足项目管理规划的主要要求。

因此，编制施工项目管理规划应是对项目经理部的主体要求。如果用施工组织设计代替，则施工组织设计的内容应包含施工项目管理规划要求的主要内容，且只有对施工组织设计的内容进行扩充才能做到这一点。后文我们将看到，施工项目管理规划中包含了施工组织设计的三大主要内容（施工方案、施工进度计划和施工平面图），但施工组织设计却缺少施工项目管理规划所具备的其他主要内容，故必须进行补充，切不可用指导施工的文件代替指导施工项目管理的文件，以免削弱项目管理的力度或以传统的施工管理代替施工项目管理。

二、施工项目管理规划的内容

（一）施工项目管理规划大纲的内容

（1）项目概况描述　项目概况描述是根据招标文件提供的情况对项目产品的构成、基础特征、结构特征、建筑装饰特征、使用功能、建设规模、投资规模、建设意义等，进行综合描述，从而反映项目的基本面貌。

（2）项目实施条件分析　包括：发包人条件、相关市场、自然和社会条件、现场条件等的分析。

（3）管理目标描述　包括：施工合同要求的目标，承包人自己对项目的规划目标。后者应比前者积极可靠，可抵御风险、满足发包人要求和更具竞争力。

（4）拟定的项目组织结构　其中包括：拟选派的项目经理，拟建立的项目经理部的主要成员、部门设置和人员数量等。

（5）质量目标规划和施工方案　其中包括：招标文件（或发包人）要求的质量目标及其分解，保证质量目标实现的主要技术组织措施，工程施工程序，重点单位工程或重点分部工程的施工方案，拟采用的施工方法、新技术和新工艺，拟选用的主要施工机械。

（6）工期目标规划和施工总进度计划　其中包括：招标文件（或发包人）的总工期目

标及其分解，主要的里程碑事件及主要施工活动的进度计划安排，施工进度计划表，保证进度目标实现的措施。

（7）成本目标规划　其中包括：总成本目标和总造价目标，主要成本项目及成本目标分解；人工及主要材料用量，保证成本目标实现的技术措施。

（8）项目风险预测和安全目标规划　其中包括：根据工程的实际情况对施工项目的主要风险因素做出预测，相应的对策措施，风险管理的主要原则，安全责任目标，施工过程中的不安全因素，安全技术组织措施。专业性较强的施工项目，应当编制安全施工组织设计，并采取安全技术措施。

（9）项目现场管理规划和施工平面图　其中包括：施工现场情况描述，施工现场平面特点，施工现场平面布置原则，施工现场管理目标和管理原则，施工现场管理主要技术组织措施，施工平面图及其说明。

（10）投标和签订施工合同规划　其中包括：投标和签订合同总体策略，工作原则，投标小组组成，签订合同谈判组成员，谈判安排，投标和签订施工合同的总体计划安排。

（11）文明施工及环境保护规划　主要根据招标文件的要求，现场的具体情况，考虑企业的可能性和竞争的需要，对发包人做出承诺前的规划。

（二）施工项目管理实施规划的内容

1．工程概况的描述

"工程概况描述"宜包括以下内容：①工程特点。②建设地点特征。③施工条件。④项目管理特点及总体要求。

2．施工部署

"施工部署"宜包括以下内容：①该项目的质量、进度、成本及安全总目标。②拟投入的最高人数和平均人数。③分包规划，劳动力吸纳规划，材料供应规划，机械设备供应规划。④施工程序。⑤项目管理总体安排，包括：组织、制度、控制、协调、总结分析与考核。

3．施工方案

"施工方案"宜包括以下内容：①施工流向和施工程序。②施工段划分。③施工方法和施工机械选择。④安全施工设计。

4．施工进度计划

"施工进度计划"是进度控制的依据。如果是建设项目施工，应编制施工总进度计划；如果是单项工程或单位工程施工，应编制单位工程施工进度计划。

5．资源供应计划

"资源供应计划"应包括：劳动力供应计划，主要材料和周转材料供应计划，机械设备供应计划，预制品订货和供应计划，大型工具、器具供应计划。编制每种计划应明确分类、数量和需用时间，宜用表格表示。

6．施工准备工作计划

"施工准备工作计划"宜包括以下内容：①施工准备工作组织及时间安排。②技术准备。③施工现场准备。④作业队伍和管理人员的组织准备。⑤物资准备。⑥资金准备。

7．施工平面图

"施工平面图"宜包括下列内容：①"施工平面图说明"，应包括：设计依据，设计说明，使用说明。②"施工平面图"，图中应包括：拟建工程各种临时设施、施工设施及图例。③施工平面图管理规划。

必须按现行绘图标准和制度要求进行绘制，不得有随意性。

8．施工技术组织措施计划

"施工技术组织措施计划"宜包括下列内容：①保证进度目标的措施。②保证质量目标的措施。③保证安全目标的措施。④保证成本目标的措施。⑤保证季节施工的措施。⑥保护环境的措施。⑦文明施工措施。

上述各项施工技术组织措施计划均宜包括技术措施、组织措施、经济措施及合同措施。

9．项目风险管理规划

"项目风险管理规划"宜包括以下内容：①风险因素识别一览表。②风险可能出现的概率及损失值估计。③风险管理重点。④风险防范对策。⑤风险管理责任。

10．技术经济指标的计算与分析

"技术经济指标的计算与分析"宜包括下列内容：

（1）根据所编制的项目管理实施规划，列出以下规划指标：总工期；分部工程及单位工程达到的质量标准，单项工程和建设项目的质量水平；总造价和总成本，单位工程造价和成本，成本降低率；总用工量，平均人数，高峰人数，劳动力不均衡系数，单位面积（或其他量纲）的用工；主要材料消耗量及节约量；主要大型机械使用数量、台班量及利用率。

（2）对以上指标的水平高低做出分析和评价。

（3）针对实施难点提出对策。

三、施工项目管理规划的编制

（一）编制依据

项目管理规划大纲应依据下列资料编制：①招标文件及发包人对招标文件的解释。②对招标文件的分析研究结果。③工程现场情况。④发包人提供的工程信息和资料。⑤有关竞争信息。⑥企业决策层的投标决策意见。

项目管理实施规划应依据下列资料进行编制：①项目管理规划大纲。②《项目管理目标责任书》。③施工合同及相关文件。④项目经理部的管理水平。⑤项目经理部掌握的有关信息。

（二）编制程序

以上讲述施工项目管理规划的内容时的先后顺序，亦应是它们的编制程序。这个程序不能颠倒，因为后一项内容的编制，必须利用前项内容已产生的资料，且实现前项内容的有关要求。

（三）工作结构分解（WBS）

1．概念

工作结构分解在国外称为WBS（Work Breakdown Structure），指把工作对象（工程、项目、管理等过程）作为一个系统，将它们分解为相互独立、相互影响（制约）和相互联系的活动（或过程）。为了进行工程施工和项目管理（包括编制计划、计算造价、工程结算等），均应进行工作结构分解。进行施工项目目标管理，也必须进行工作结构分解。编制施工项目管理规划的前提就是项目结构分解。

2．施工项目结构分解过程

不同种类、性质、规模的项目，其结构分解的方法、思路有很大差别，但分解过程基本相同，其基本思路是：以项目目标体系为主导，以工程技术系统范围和项目的总任务为依据，由上而下、由粗到细地进行。一般经过以下几个步骤：

（1）将项目分解为单个定义的且任务范围明确的子项目。

（2）研究并确定各子项目的特点和结构规则，它的实施结果及完成它所需要的活动，以作进一步分解。

（3）将各层次结构单元（直到最低层工作包）收集于检查表上，评价各层次的分解结果。

（4）用系统观点将项目单元分组，构成系统结构图（包括子结构图）。

（5）分析并讨论分解的完整性。

（6）由决策者决定结构图，形成相应文件。

（7）建立项目的编码规则，对分解结果编码。

承担项目结构分解的是管理人员，但任何项目单元都是由实施者完成的，所以在项目分解过程中要尽可能吸收相关任务的承担者参加，听取他们的意见，以保证分解的科学性和实用性，进而保证整个计划的科学性。

3．施工项目结构分解的结果

施工项目结构分解的结果有：

（1）树型结构图。如图4-1所示。其中每一个单元又统一被称为项目结构单元，它表达了项目总体的结构框架。

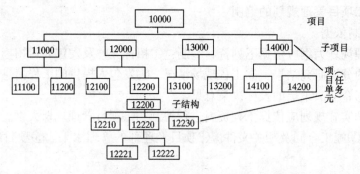

图4-1 项目结构图

（2）项目结构分析表。即将项目结构图用表来表示。它的结构类似于计算机文件的目录路径。例如上面的项目结构图可以表示为表4-1。

××项目结构分析表　　　　　　　　　　　　　　　表 4-1

编　码	名　称	负责人	成　本	×	×	×	×	编　码	名　称	负责人	成　本	×	×	×	×
1000								12222							
11000								12230							
11100								13000							
11200								13100							
12000								13200							
12100								14000							
12200								14100							
12210								14200							
12220								14300							
12221															

表 4-1 是项目的工作范围文件，如果项目是一份合同，它就是合同的工作范围文件。在上述结构的基础上应用文件对各项工作进行说明，可确保项目的各项活动满足项目范围所定义的要求。

对上述分解成果应全面审查工作范围的完备性、分解的科学性、定义的准确性，并通过决策人批准，作为项目实施的执行文件。

4.施工项目的分解方法之———按项目产品分解

根据习惯，施工项目可按项目产品进行分类，其"树型结构图"见图 4-2。

（1）建设项目　建设项目，是指按一个总的设计意图，由一个或几个单项工程所组成，经济上实行统一核算，行政上实行统一管理的建设单位。一般以一个企业、事业单位或独立的工程作为一个建设项目。

（2）单项工程　单项工程是指具有独立的设计文件，可以独立施工，建成后能够独立发挥生产能力或效益的工程。如工业项目的生产车间、设计规定的主要产品生产线。非工业生产项目是指建设项目中能够发挥设计规定的主要效益的各个独立工程，如办公楼、影剧院、宿舍、教学楼等。单项工程是建设项目的组成部分。

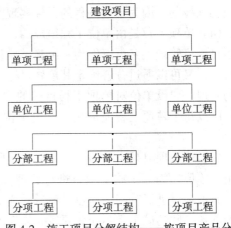

图 4-2　施工项目分解结构——按项目产品分解

（3）单位工程　单位工程是指具有独立设计，可以独立组织施工，但完成后不能独立发挥效益的工程。它是单项工程的组成部分。如一个车间可以由土建工程和设备安装两类单位工程组成。

1）建筑工程包括下列单位工程：①一般土建工程；②工业管道工程；③电气照明工程；④卫生工程；⑤庭院工程等。

2）设备安装工程包括下列单位工程：①机械设备安装工程；②通风设备安装工程；③电气设备安装工程；④电梯安装工程等。

（4）分部工程　分部工程是单位工程的组成部分。建筑按主要部位划分，如基础工程、墙体工程、地面与楼面工程、门窗工程、装饰工程和屋面工程等；设备安装工程出设备组别组成，按照工程的设备种类和型号、专业等，划分为建筑采暖工程、煤气工程、建筑电气安装工程、通风与空调工程、电梯安装工程等。

（5）分项工程　分项工程就是建设项目的基本组成单元，是由专业工种完成的中间产品。它可通过较为简单的施工过程就能生产出来，可以有适当的计量单位。它是计算工料消耗、进行计划安排、统计工作、实施质量检验的基本构造因素，如内墙砌砖、外墙砌砖、墙面抹水泥砂浆等，都称作分项工程。

以上分解中，根据施工项目管理的需要可做以下分析：

（1）建设项目、单项工程、单位工程、分部工程和分项工程的施工任务都是由施工单位完成的。因此，在它们施工的过程中，都需要由施工单位实施施工项目管理，以保证大小建设目标的实现。

（2）分项工程的实现，依靠每个分项工程中所含工序的完成。因此对工序施工目标的实现，依靠对施工工序的管理，而施工工序的管理效果，取决于对人、机、料、法、环（4M1E）的控制结果。质量、进度、造价控制效果如何，最基本的就是看分项工程完成后统计检查、质量检查及计划检查的结果。

（3）只有单位工程才是施工活动的完整产品。统计据以报竣工面积和竣工工程工作量，质量管理可以评定等级。施工项目管理的最简单的完整"项目"，应当是单位工程。施工项目管理要实现的合同目标，应起码是单位工程的整体目标。但这个目标并不是建设单位感兴趣的。因为单位工程的目标实现并不能给建设单位提供使用价值。

（4）单项工程是由单位工程组成的，应是单位工程的群体组合。它既可以作为一个施工项目进行管理，又可以作为一组施工项目进行管理。也就是说，一个单项工程既具有总体目标，又可以通过分解确定其单体目标。单项工程总体目标的实现，有赖于单位工程目标的实现。建设单位对单项工程目标的实现感兴趣，因为单项工程完成可以发挥投资效益。所以每个单项工程完成后，建设单位都要进行验收，这也是建设项目验收的第一阶级。

（5）建设项目是由单项工程组成的，所以它是一个更大的群体。它的施工阶段既可以由施工单位作为一个施工项目进行管理，也可以分成为若干大（单项工程）小（单位工程）施工项目进行管理。当建设项目的施工任务全部完成后，还不能形成生产能力，只有生产准备、联动试车及各配套项目完成后，才能形成生产能力。

由以上分析可以得出结论：施工项目是一个系统，由整体系统和大小子系统构成。因此，施工项目管理也是一个系统。在进行管理时必须首先界定其工程系统，再针对工程系统确定施工项目管理目标，从而实施项目管理。特别注意由于施工项目的阶段局限性和管理主体是建筑业企业（或项目经理部）的特点，决定了它与建设项目管理或全过程的项目管理是不同的。

5. 施工项目的分解方法之二——按承担任务的组织进行分解

按承担任务的组织进行分解的树型图见图 4-3 所示。

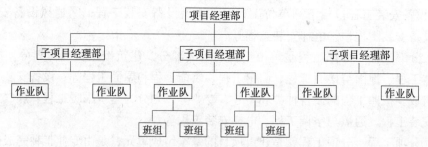

图 4-3 项目分解结构——按组织体分解

如果由项目经理部承担建设项目的施工及管理，则子项目经理部可以承担单项工程或单位工程的施工及管理，作业队可承担单位工程或分部工程的施工及管理，班组只承担分部工程或分项工程的施工。

6. 施工项目的分解方法之三——按管理目标分解

建筑业企业承揽任务后，则可以根据目标管理（MBO）的需要，按 WBS 的要求自上而下进行目标分解（或目标展开）。分解的目的是为了自下而上保证目标的实现（见图4-4及图4-5所示）。

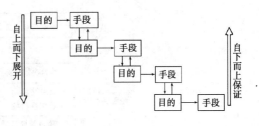

图 4-4　目标分解程序

由于管理目标有多类，有质量目标、进度目标、成本目标和安全目标，故可以对每类目标进行专业分解，也可结合项目管理组织机构的职责分工进行综合分解，见图4-6所示。

（四）目标落实

1. 目标管理程序

施工项目管理应用目标管理方法，可大致分为以下几个阶段：

（1）确定施工项目组织内各层次、各部门的任务分工，既对完成施工任务提出要求，又对工作效率提出要求。

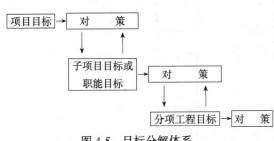

图 4-5　目标分解体系

（2）把项目组织的任务转换为具体的目标。该目标有两类：一类是产品成果性目标，如工程质量、进度等；一类是管理效率性目标，如工程成本、劳动生产率等。

（3）落实制订的目标。落实目标，一是要落实目标的责任主体，即谁对目标的实现负责；二是明确目标主体的责、权、利；三是要落实对目标责任主体进行检查、监督的上一级责任人及手段；四是要落实目标实现的保证条件。

（4）对目标的执行过程进行调控。即监督目标的执行过程，进行定期检查，发现偏差分析产生偏差的原因，及时进行协调和控制。对目标执行好的主体进行适当的激励。

（5）对目标完成的结果进行评价，即把目标执行结果与计划目标进行对比，以评价目标管理的效果。

2. 目标管理点

目标分解以后，要整理成结构分析表，并从中找出目标管理点。目标管理点是指在一定时期内，影响某一目标实现的关键问题和薄弱环节。这就是重点管理对象。不同时期的管理点是可变的。对管理点应制订措施和管理计划。

3. 目标落实

目标分解不等于责任落实。落实责任是定出责任人：主要责任人、次要责任人和关联责任人。要定出检查标准，也要定出实现目标的具体措施、手段和各种保证条件（生产要素供应及必须的权力）。

4. 施工项目的目标实施和经济责任

项目管理层的目标实施和经济责任一般有以下几方面：

一是根据工程承包合同要求，树立用户至上的思想，完成施工任务；在施工过程中按企业的授权范围处理好施工过程中所涉及的各种外部关系。

二是努力节约各种生产要素，降低工程成本，实现施工的高效、安全、文明。

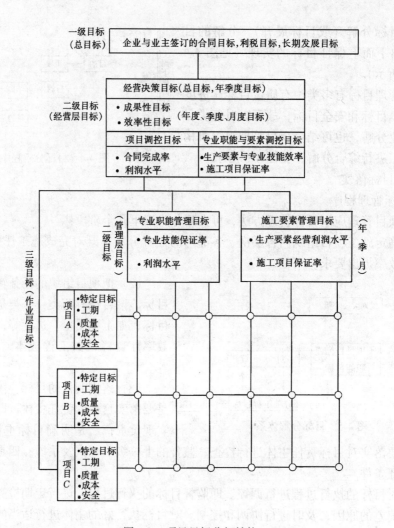

图 4-6　项目目标分解结构

三是努力做好项目核算，做好施工任务、技术能力、进度的优化组合和平衡，最大限度地发挥施工潜力，做好原始记录。

四是做好队伍的精神文明建设。

五是及时向企业管理层提供信息和资料。

项目管理层的主要评价指标应是工程质量、工期、成本和安全。

目标落实以后，可以编制表 4-2，作为施工项目管理规划的编制内容和依据。

项目管理目标一览表　　　　　　　　　　　　　　　　　　　　　表 4-2

目标项目			管理点	对策	相关单位 ○关　联 △强相关				实施进度								责任者
									一季度		二季度		三季度		四季度		
类别	目标	量值			×部门	×部门	×部门	×部门	计　划		计　划		计　划		计　划		
									实　际		实　际		实　际		实　际		
主管 目标																	

72

目标项目			管理点	对策	相关单位 ○关联 △强相关				实施进度								责任者
									一季度		二季度		三季度		四季度		
类别	目标	量值			×部门	×部门	×部门	×部门	计划		计划		计划		计划		
									实际		实际		实际		实际		
自控目标																	
相关目标																	

第二节 施工项目目标控制原理

一、施工项目目标控制的意义

(一) 施工项目目标控制的概念

所谓"控制",是指在实现行为对象目标的过程中,行为主体按预定的计划实施,在实施的过程中会遇到许多干扰,行为主体通过检查,收集到实施状态的信息,将它与原计划(标准)作比较,发现偏差,采取措施纠正这些偏差,从而保证计划正常实施,达到预定目标的全部活动过程。

施工项目目标控制的行为对象是施工项目目标。控制行为的主体是施工项目经理部,控制对象的目标构成目标体系。对不同的目标控制,分别编制不同专业的计划,采用有专业特点的科学方法,纠正由于各种干扰产生的偏差。

从定义可以看出,施工项目目标控制问题的要素包括:施工项目,控制目标,控制主体,实施计划,实施信息,偏差数据,纠偏措施,纠偏行为。因此,其一般模式如图 4-7 所示。

从图 4-7 中可以看出,控制者进行控制的过程是,从反馈过程得到控制系统的信息后,便着手制订计划,采取措施,输入受控系统,在输入资源转化为建筑产品的过程中,对受控系统进行检查、监督,并与计划或标准进行比较,对比较后的偏差进行直接纠正,或通过(报告等)信息反馈修正计划或标准,开始新一轮控制循环。这个过程就是我们通常所说的 PDCA 循环。

(二) 施工项目目标控制的目的和意义

施工项目目标控制的目的是排除干扰,实现合同目标。因此可以说施工项目目标控制是实现目标的手段。施工项目目标控制的意义在于它对于排除干扰的能动作用和保证目标实现的促进作用。如果没有施工项目的目标控制,首先就谈不上施工项目管理,其次便不会有目标的实现。在问题产生后不主动找原因,想办法解决,甚至拉客观、怨客观;或者想动手解决,也开始有了行动,但行动不力,都会影响目标实现。

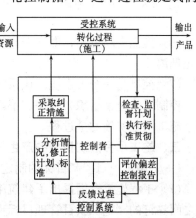

图 4-7 控制模式

（三）施工项目目标控制的任务

施工项目目标控制的任务是进行进度目标控制、质量目标控制、成本目标控制和安全目标控制。这就是四大目标控制。这四项目标，是施工项目的约束条件，也是施工效益的象征。尤其是安全目标，它不同于前三项目标，前三项目标是指施工项目成果；安全目标则是指施工过程中人和物的状态。没有危险，不出事故，不造成人身伤亡和财产损失，就是安全，既指人身安全，又指财产安全。所以，安全控制既要克服人的不安全行为，又要克服物的不安全状态。安全对人、对物均有极为重大的意义。施工项目现场是一项综合控制目标，其控制非常重要。

二、施工项目目标控制的基本理论

控制的需要产生于社会化的生产活动。最早的把控制作为管理职能之一的是古典管理学家法国的法约尔。"控制"的原意是：注意是否一切都按制定的规章和下达的命令进行。1948年，美国诺伯特·维纳创立了控制论（Cybernetics），将它定义为关于机器、生物和社会的科学，并应用于蓬勃发展的自动化技术、信息论和电子计算机，使控制论发展为一门应用广泛、效果显著的现代科学理论。控制的基本理论服从于控制论的基本思想，其要点如下：

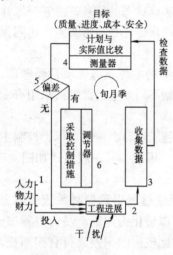

图 4-8　动态控制原理

（1）控制是一定主体为实现一定的目标而采取的一种行为。要实现最优化控制，必须首先满足两个条件：一是要有一个合格的控制主体；二是要有明确的系统目标。

（2）控制是按事先拟订的计划和标准进行的。控制活动就是要检查实际发生的情况与标准（或计划）是否存在偏差，偏差是否在允许范围之内，是否应采取控制措施及采取何种措施以纠正偏差。

（3）控制的方法是检查、分析、监督、引导和纠正。

（4）控制是针对被控制系统而言的。既要对被控制系统进行全过程控制，又要对其所有要素进行全面控制。全过程控制有事先控制、事中控制和事后控制；要素控制包括人力、物力、财力、信息、技术、组织、时间、信誉等。

（5）控制是动态的。图 4-8 是动态控制原理图。

（6）提倡主动控制，即在偏离发生之前预先分析偏离的可能性，采取预防措施，防止发生偏离。

（7）控制是一个大系统，该系统的模式如图 4-9 所示。

控制系统包括组织、程序、手段、措施、目标和信息 6 个分系统。其中信息分系统贯穿于施工项目实施的全过程。

三、施工项目控制目标的产生与控制概述

（一）施工项目控制目标的制定依据

（1）工程施工合同提出了建筑施工企业应承担的施工项目总目标。项目经理与企业经理之间签订的《施工项目管理目标责任书》中项目经理的责任目标（控制目标），依据工程承包合同目标制定。

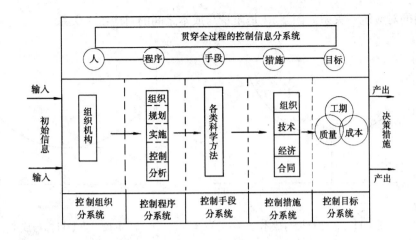

图 4-9 施工项目控制的系统模式

（2）国家的政策、法规、方针、标准和定额。

（3）生产要素市场的变化动态和发展趋势。

（4）有关文件、资料，如设计图纸、招标文件、《施工项目管理实施规划》等。

（5）对于国际工程施工项目，制定控制目标还应依据工程所在国的各种条件及国际市场情况。

（二）施工项目控制目标的制定原则和程序

1．原则

施工项目控制目标制定原则是：实现工程承包合同目标；以目标管理方法进行目标展开，将总目标落实到项目组织直至每个执行者；充分发挥《施工项目管理实施规划》在制定控制目标中的作用；注意目标之间的相互制约和依存关系。

2．程序

第一步，认真研究、核算工程施工合同中界定的施工项目控制总目标，收集制定控制目标的各种依据，为控制目标的落实做准备。

第二步，施工项目经理与企业经理签订《施工项目管理目标责任书》确定项目经理的控制目标。

第三步，项目经理部编制《施工项目管理实施规划》确定施工项目经理部的计划总目标。

第四步，制定施工项目的阶段控制目标和年度控制目标。

第五步，按时间、部门、人员、班组落实控制目标，明确责任。

第六步，责任者提出控制措施。

（三）质量、进度、成本三大目标之间的关系与界面分析

图 4-10 说明，质量、进度、成本三大目标之间存在着对立统一的关系。图 4-11 是进度与

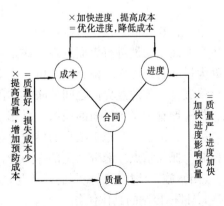

图 4-10 目标之间的对应统一关系

注：×为对应关系；=为统一关系

成本之间的对应统一关系。图4-12是质量与成本之间的对应统一关系。

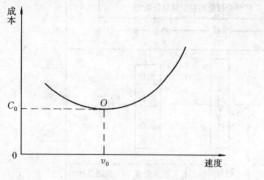

图4-11 进度目标与成本
目标之间的关系

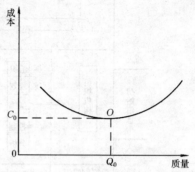

图4-12 质量目标与成本
目标之间的关系

如果把质量、进度、成本三项目标作为三个子集,则它们三者的关系可表示为图4-13。

图4-13中 M 区是三项目标的结合部,N 为进度与质量两项目标的结合部,P 为进度与成本两项目标的结合部,Q 为质量与成本两项目标的结合部。结合部在国际上称作界面(Interface)。进行项目的目标控制,必须进行界面分析。通过界面分析,把各项目标之间的对立统一关系具体搞清楚,然后进行精心地组织和设计,进行有针对性的科学控制。这就要进行"界面管理"。界面管理要注意以下几点:

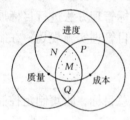

图4-13 质量、
进度、成本

第一,保证系统界面之间的相容性,使目标(系统单元)之间有良好的接口。良好的接口是项目经济、安全、稳定、高效运行的基本保证。

第二,保证系统的完备性,不失掉任何工作、设备、数据等,防止发生工作内容、成本和质量责任归属的争执,因为在施工中,人们特别容易忘记界面上的工作,常常推卸界面上的工作任务而引起组织之间的争执。

第三,将界面定义清楚,形成文件,在施工中保持界面清楚,特别注意工程发生变更时对界面的影响。

第四,在界面处设置检查点和控制点,采用系统方法从组织、管理、技术、经济、合同各个方面主动地进行界面管理。这是因为,界面通常位于专业接口处、生命期的阶段连接处大量的管理工作(检查、分析和决策)都集中在界面上。

第五,必须注意界面之间的联系和制约,解决界面之间的不协调、障碍和争执,主动地、积极地管理系统界面的关系,对相互影响的因素进行协调。

第六,由于一个施工项目的界面数量巨大,因此应抓重点界面进行设计、计划、说明和控制。抓住重点才能带动全部界面的良好管理。

(四)施工项目目标控制的任务与过程

1.目标控制的具体任务

目标控制的具体任务见表4-3。

施工项目目标控制的任务   表 4-3

控制目标	主要控制任务
进度控制	使施工顺序合理，衔接关系适当，均衡、有节奏施工，实现计划工期，提前完成合同工期
质量控制	使分部分项工程达到质量检验评定标准的要求，实现施工组织中保证施工质量的技术组织措施和质量等级，保证合同质量目标等级的实现
成本控制	实现施工组织设计的降低成本措施，降低每个分项工程的直接成本，实现项目经理部盈利目标，实现公司利润目标及合同造价
安全控制	实现施工组织设计的安全设计和措施，控制劳动者、劳动手段和劳动对象，控制环境，实现安全目标，使人的行为安全，物的状态安全，断绝环境危险源
施工现场控制	科学组织施工，使场容场貌、料具堆放与管理、消防保卫、环境保护及职工生活均符合规定要求

2. 目标控制全过程

施工项目目标控制的全过程见图 4-14。

施工项目管理	投标→	签约→	施工准备→	项目施工→	验收交工→	总结结算
目标控制		事先控制→			事中控制→	事后控制

图 4-14　施工项目目标控制的全过程

（五）施工项目目标控制的手段和措施

1. 施工项目目标控制的手段

施工项目目标控制的手段主要是指控制方法和工具。每种目标控制都有其专业适用的控制方法，见表 4-4。

适用的目标控制方法   表 4-4

目标控制	主要适用方法
进度控制	横道计划法，网络计划法，"S"形（或"香蕉"形）曲线法
质量控制	检查对比法，数理统计法，方针目标管理法，图表方法
成本控制	量本利法，价值工程法，偏差控制法，估算法
安全控制	树枝图法，瑟利模式法，多米诺模型法
施工现场控制	PASS方法，看板管理法，责任承担法

2. 施工项目目标控制的措施

施工项目的控制措施有合同措施、组织措施、经济措施和技术措施。

（1）合同措施。施工项目的控制目标根据工程承包合同产生，又用责任承包合同落实到项目经理部。项目经理部通过签订劳务承包合同落实到作业班组。因此，合同措施在施工项目事前控制中发挥着重要作用。在事中控制时，施工项目目标的控制全部按合同办事，当发现某种行为偏离合同这个"标准"时，便立即会受到约束，使之恢复正常。在市场经济条件下，合同是交易行为的必须，也是目标控制的必须。

（2）组织措施。组织是项目管理的载体，是目标控制的依托，是控制力的源泉。组织措施在制定目标、协调目标的实现、目标检查等环节都可发挥十分活跃的能动作用。

（3）经济措施。经济是施工项目管理的保证，是目标控制的基础。目标控制中的资源配置和动态管理，劳动分配和物质激励，都对目标控制产生作用。说到底，经济措施就是节约措施。

（4）技术措施。施工项目目标控制中所用的技术措施有两类：一类是硬技术，即工艺（作业）技术；一类是软技术，即管理技术。

第三节　施工项目风险管理

一、施工项目中的风险

(一) 风险的概念

风险指可以通过分析，预测其发生概率、后果很可能造成损失的未来不确定性因素。风险包括三个基本要素：一是风险因素的存在性；二是风险因素导致风险事件的不确定性；三是风险发生后其产生损失量的不确定性。

项目的一次性使其不确定性要比其他经济活动大得多；而施工项目由于其特殊性，比其他项目的风险又大得多，使得它成为最突出的风险事业之一，因此风险管理的任务是很重的。根据风险产生原因的不同，可以将施工项目的风险因素进行分类，见表 4-5 所示。

风 险 因 素 分 类 表　　　　　　　　　　　　表 4-5

风险分类		风 险 因 素
技术风险	设　计	设计内容不全，缺陷设计、错误和遗漏、规范不恰当，未考虑地质条件，未考虑施工可能性等
	施　工	施工工艺的落后，不合理的施工技术和方案，施工安全措施不当，应用新技术新方案的失败，未考虑现场情况等
	其　他	工艺设计未达到先进性指标，工艺流程不合理，未考虑操作安全性等
非技术风险	自然与环境	洪水、地震、火灾、台风、雷电等不可抗拒自然力，不明的水文气象条件，复杂的工程地质条件，恶劣的气候，施工对环境的影响等
	政治法律	法律及规章的变化，战争和骚乱、罢工、经济制裁或禁运等
	经　济	通货膨胀，汇率的变动，市场的动荡，社会各种摊派和征费的变化等
	组织协调	业主和上级主管部门的协调，业主和设计方、施工方以及监理方的协调，业主内部的组织协调等
	合　同	合同条款遗漏，表达有误，合同类型选择不当，承发包模式选择不当，索赔管理不力，合同纠纷等
	人　员	业主人员、设计人员、监理人员、一般工人、技术员、管理人员的素质（能力、效率、责任心、品德）
	材　料	原材料、成品、半成品的供货不足或拖延，数量差错质量规格有问题，特殊材料和新材料的使用有问题，损耗和浪费等
	设　备	施工设备供应不足，类型不配套，故障，安装失误、选型不当
	资　金	资金筹措方式不合理，资金不到位，资金短缺

(二) 风险产生的原因及风险成本

1. 风险产生的原因

首要的原因是说明或结构的不确定性，即人们由于认识不足，不能清楚地描述和说明项目的目的、内容、范围、组成、性质以及项目同环境之间的关系。风险的未来性使这项原因成为最主要的原因。

二是计量的不确定性，即由于缺少必要的信息、尺度或准则而产生的项目变数数值大小的不确定性。因为在确定项目变数数值时，人们有时难以获取有关的准确数据，甚至难以确定采用何种计量尺度或准则。

三是事件后果的不确定性，即人们无法确认事件的预期结果及其发生的概率。

总之，风险产生的原因既由于项目外部环境的千变万化难以预料周详，又由于项目本身的复杂性，还源于人的认识和预测能力的局限性。

2. 风险成本

风险事件造成的损失或减少的收益，以及为防止风险事故发生而采取预防措施而支付的费用，均构成风险成本。风险成本包括有形成本、无形成本及预防与控制费用。

有形风险成本指风险事件造成的直接损失和间接损失。直接损失指财产损毁和人员伤亡的价值，如洪水冲走的材料损失及导致的人员伤亡费用等；间接损失指直接损失之外由于为减少直接损失或由直接损失导致的费用支出，如产生火险后灭火、停工等发生的费用支出。

无形风险成本指项目主体在风险事件发生前后付出的非物质和费用方面的代价，包括信誉损失、生产效率的损失以及资源重新配置而产生的损失。

风险预防及控制的费用是指预防和控制风险损失而采取的各种措施的支出，包括措施费，投保费，咨询费，培训费，工具设备维护费，地基、堤坝加固费等。

认真研究和计算风险成本是有意义的。当风险的不利后果超过为项目风险管理而付出的代价时，就有进行风险管理的必要。

二、施工项目风险管理

风险管理是识别、度量和评价、制定、选择和实施风险处理方案，从而达到风险控制目的的过程。

（一）与风险有关的过程

按"GB/T 19016—2000 idt ISO10006：1997"《中华人民共和国国家标准　质量管理——项目管理指南》的规定，项目风险是指与项目过程有关的和与项目产品有关的两个方面的风险。与风险有关的过程有4个：

（1）风险识别，即确定项目风险。

（2）风险评估，即评估发生风险事件的可能性和风险事件对项目的影响。

（3）风险响应的确定，即编制响应风险的规划。

（4）风险控制，即实施并修订风险计划。

以上过程就是风险管理的4个重要过程，见图4-15。

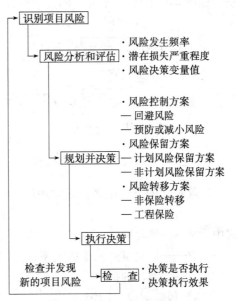

图 4-15　风险管理流程图

（二）风险识别

1．风险识别的质量要求

19016号标准对风险识别的质量要求如下

（1）应识别项目过程和项目产品的风险以及确定风险何时超出接受极限的方法。应使用以前的经验和历史资料。

（2）在立项、进展评价以及做出重大决定的偶然事件时应进行风险识别。

（3）风险识别不应仅考虑成本、时间和产品方面，还应考虑保密、可信性、职业责任、信息、技术、安全性、健康和环境以及当前法律或法规要求，更应指出不同风险需求之间的相互影响。应识别关键技术和新技术

（4）应安排一名具备相应职责、权限的人员来管理一个经识别具有重要影响的风险，

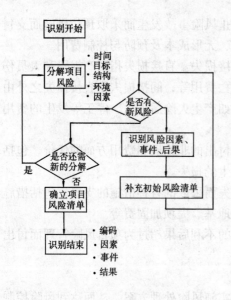

图 4-16　风险识别程序

并为其配备相应的资源。

2. 风险识别活动

应从项目管理的目标出发，通过风险调查、数据整理、信息分析、专家咨询及实验论证等手段，对项目风险进行多维预测，从而全面认识风险，形成风险清单。风险识别程序见图 4-16。

从图 4-16 可见，风险识别是项目过程中不断进行的过程。风险识别的结果是形成风险清单，而风险清单中应列明编码、因素、事件和结果。它是风险管理其他过程的前提并影响风险管理的质量。

（三）风险评估

这一过程是将风险的不确定性进行量化，评价其潜在的影响。它包括的内容是：确定风险事件发生的概率，对项目目标影响的严重程度，如经济损失量，工期迟延量等；确定项目总周期内对风险事件实际发生的经验、预测力及发生后的处理能力；评价所有风险的潜在影响，得到项目的风险决策变量值，作为项目决策的重要依据。

风险分析与评价的过程如图 4-17 所示。

每一项风险都可用其出现的概率和潜在的损失值衡量。亦可借助于风险坐标进行分析，如图 4-18 所示，坐标上的九个格分别表示不同的风险量。

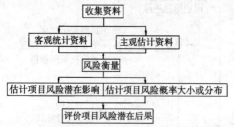

图 4-17　风险分析与评价过程

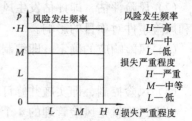

图 4-18　风险坐标

风险量化的方法很多，最常用的方法是求出风险期望值：

$$R = P \cdot q \tag{4-1}$$

式中　R——风险期望值；

　　　P——风险事件发生的概率；

　　　q——潜在的损失值。

（四）风险响应的确定

根据已掌握的技术或从以往的经验所获得的资料，可提出消除、缓和、转移风险的方法、接受风险的决定和利用有利机会的计划，从而避免产生新的风险。

因此，应对风险管理对策进行规划，该规划可从三方面制定方案。

1. 风险控制对策

风险控制对策是为避免或减少发生风险的可能性及各种潜在损失的对策。风险控制对策有风险回避和损失控制两种。

（1）风险回避对策。即通过回避项目风险因素而使潜在损失不发生。它通常是一种制度，用以强制禁止进行某种活动。

（2）损失控制对策。即通过减少损失发生的机会或通过降低所发生损失的严重性来处理风险。损失控制手段分为损失预防手段和损失减少手段两种。"损失预防手段"旨在减少或消除损失发生的可能性；"损失减少手段"是降低损失的潜在严重性。两者的组合是损失控制方案，其内容包括：制定安全计划，评估及监控有关系统及安全装置，重复检查工程建设计划，制定灾难计划，制定应急计划等。图4-19是损失控制图。从图上可见，"安全计划"、"灾难计划"和"应急计划"是损失控制计划的关键组成部分。损失控制计划的编制要点是：各部门配合编制；计划要列出所有影响项目实施的事件，明确各类人员的责任和义务。制定计划时应考虑：某种风险事件发生可能产生的后果，能采取哪些措施，该事件发生时应由哪个部门负责；应列入包括模拟训练的人员培训内容；应设立检查人员定期检查各项计划的实施情况。安全计划应包括一般性安全要求，特殊设备运转规程，各种保护措施。灾难计划为现场人员提供明确的行动指南，以处理各种紧急事件。应急计划是对付损失造成的局面的措施和职责。

2．风险自留对策

风险自留是一种重要的财务性管理技术，由自己承担因风险所造成的损失。风险自留对策有两种，即非计划性和计划性风险自留。

图4-19　损失控制图

（1）非计划性风险自留。当风险管理人员没有认识到项目风险的存在因而没有处理项目风险的准备时，风险自留是非计划性的，且是被动的。应通过减少风险识别失误和风险分析失误而避免这种风险自留。

（2）计划风险自留是指风险管理人员有意识地、不断地降低风险的潜在损失。

3．风险转移对策

（1）合同转移。是指用合同规定双方的风险责任，从而将活动本身转移给对方以减少自身的损失。因此合同中应包含责任和风险两大要素。合同转移的对象是发包人、供应人和分包人。

（2）工程保险。是项目风险管理的最重要的转移技术，目的在于把项目进行中发生的大部分风险作为保险对策，以减轻与项目实施有关方的损失负担和可能由此而产生的纠纷。付出了保险费，却提高了损失控制效率，并能在损失发生后得到补偿。工程保险的目标是最优的工程保险费和最理想的保障。应通过保险合同投保。

（五）风险控制

在整个项目过程中，应通过风险识别、风险评估和风险响应的反复过程对风险进行控制。在项目管理中应考虑到风险的存在性，并鼓励人们预测和识别其他风险，及时报告。应急计划应保持可用状态。应对风险情况进行监控，检查风险管理方案的实施情况，用实践效果评价风险管理决策效果。要确定在条件变化时的风险处理方案，检查是否有被遗漏的风险。对新发现的风险因素应及时提出对策。总之，在风险控制过程要抓检查、抓调整。还要及时编写风险报告，作为风险控制进展评价的一部分。

第四节　施工项目组织协调

一、组织协调概述

（一）组织协调的概念

组织协调指以一定的组织形式、手段和方法，对项目中产生的关系不畅进行疏通，对产生的干扰和障碍予以排除的活动。

项目中之所以产生关系不畅就是因为有干扰。施工项目中的干扰来自多个方面：

1. 人为的干扰因素

人为的干扰因素包括：决策失误、计划不周、指挥不当、控制协调不力、责任不清、行为有误等。总之，人是管理的主体，人为的干扰是最主要的干扰。

2. 材料的干扰因素

材料的干扰因素主要包括：供应不及时，供应品种、规格、数量、质量不合乎要求，价格不合理，材料试验中出现问题，材料使用不当等。构件等预制品也可能发生类似材料的问题。

3. 机械设备干扰因素

机械设备干扰的主要因素包括：选用决策不当，供应不及时，操作中出现问题，机械故障，维修不当，利用率低，效率发挥不好，更新不及时，取费不合理等。周转材料和工具产生的干扰与机械设备类似。

4. 工艺及技术干扰因素

工艺及技术方面的干扰主要指：施工方案设计不周、没有优选，或对施工方案实施不力，工艺方法选用不当、使用不当，在操作中出现问题，执行技术标准、工艺规程不力，检查不及时，管理点没有设计好、执行好。

5. 资金方面干扰因素

资金干扰因素一般是资金不到位，其中又包括时间不及时和数量不足，也有在结算、索赔中发生矛盾导致影响施工的。

6. 环境干扰因素

环境因素的干扰极为复杂而多变。一是技术环境，如地质、水文、气象等；二是工程管理环境，如质量体系、管理制度不合要求等；三是劳动环境，如劳动组合不优，劳动工具不足或使用不便，工作面狭窄；四是社会环境，如环保、环卫、交通、治安、绿化、文物保护等；另外还有行政环境、政治环境等方面的干扰等。

对干扰因素的排除，只能通过认真分析、研究，采取有针对性的措施，并加以实施使之成功，才能见效，这就是协调的作用。

（二）组织协调的范围

组织协调范围包括内部关系的协调、近外层关系的协调和远外层关系的协调，见图4-20。

（1）内部关系包括项目经理部内部关系、项目经理部与企业的关系，项目经理部与作业层的关系。

（2）近外层关系（图4-20中外层圈）是与承包人有直接的和间接合同的关系，包括与发包人,监理工程师、设计人、供应人、分包人、贷款人、保险人等的关系。近外层关系的协调应作为项目管理组织协调的重点。

（3）远外层关系（图4-20中各近外层单位之间）是与承包人虽无直接或间接合同关系,但却有着法律、法规和社会公德等约束的关系,包括承包人与政府、环保、交通、环卫、绿化、文物、消防、公安等单位的关系。

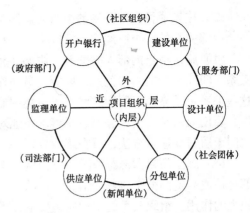

图4-20　项目协调管理的范围

（三）组织协调的内容

组织协调的内容包括人际关系、组织关系、供求关系、协作配合关系和约束关系等。

（1）人际关系的协调,包括施工项目组织内部人际关系的协调和施工项目组织与关联单位的人际关系协调。

施工项目组织内部人际关系是指项目经理部各成员之间、项目经理部成员与下属班组之间、班组相互之间的人员工作关系的总称。内部人际关系的协调主要是通过各种交流、活动,增进相互之间的了解和亲和力,促进相互之间的工作支持,另外还可以通过调解、互谅互让来缓和工作之间的利益冲突,化解矛盾、增强责任感,提高工作效率。

施工项目组织与关联单位的人际关系是指项目组织成员与承包人管理人员和职能部门成员、近外层关系单位工作人员、远外层关系单位工作人员之间的工作关系的总称。与关联单位之间的人际关系协调同样也要通过各种途径加强友谊、增进了解、提高相互之间的信任度、有效地避免和化解矛盾,提高工作效率。

（2）组织关系协调主要是对施工项目组织内部各部门之间工作关系的协调,具体包括各部门之间的合理分工和有效协作。分工和协作同等重要,合理的分工能保证任务之间的平衡匹配,有效协作既避免了相互之间利益分割,又提高了工作效率。

（3）供求关系的协调主要是保证项目实施过程中所发生的人力、材料、机械设备、技术、资金、信息等生产要素供应的优质、优价和适时、适量,避免相互之间的矛盾、保证项目目标的实现。

（4）协作配合协调主要是指与近外层关系的协作配合协调和与内部各部门、各层次之间协作关系的协调。这种关系的协调主要通过各种活动和交流相互了解,相互支持,缩短距离,增强凝聚力,实现相互之间协作配合的高效化。

（5）约束关系的协调包括法律、法规的约束关系的协调和合同约束关系的协调。法律法规的约束关系主要是通过提示、教育等手段提高关系双方的法律法规意识,避免产生矛盾,及时、有效地解决矛盾。合同约束关系主要通过过程监督和适时检查以及教育等手段主动杜绝冲突和矛盾,或者依照合同及时、有效地解决矛盾。

（四）组织协调的动态工作原则

施工项目在实施过程中,随着运行阶段的不同,所存在的关系和问题都有所不同,比如项目进行的初期主要是供求关系的协调,项目进行的后期主要是合同和法律、法规约束关系的协调。这就要求协调工作应根据不同的发展阶段,适时、准确地把握关系的发展,及时、有效地沟通关系、化解矛盾,提高项目运行的效率和效益。

二、施工项目内部关系的组织协调实务

内部关系的组织协调应注意以下几点：

（1）施工项目内部人际关系的协调。施工项目内部人际关系，指项目经理与其下属的关系，职能人员之间的关系，职能人员与作业人员的关系，作业人员之间的关系等。协调这些关系主要靠执行制度，坚持民主集中制，做好思想政治工作，充分调动每个人的积极性。要用人所长，责任分明、实事求是地对每个人的效绩进行评价和激励。在调解人与人之间矛盾时要注意方法，重在疏导。

（2）施工项目内部组织关系的协调。施工项目中的组织形成了系统，系统内部各组织部分构成一定的分工协作和信息沟通关系。组织关系协调，可以使组织运转正常，发挥组织力的作用。组织关系的协调应主要从以下几个方面进行：

一是设置组织机构要以职能划分为基础；二是要明确每个机构的职责；三要通过制度明确各机构在工作中的相互关系；四要建立信息沟通制度，制定工作流程图；五要根据矛盾冲突的具体情况及时灵活地加以解决，不使矛盾冲突扩大化。

（3）施工项目内部需求关系的协调。施工中需要资源。因此人力资源、材料、机械设备、动力等需求，实际上是求得施工项目的资源保证。需求关系协调的环节如下：

第一，满足人、财、物的需求要抓计划环节。计划的编制过程，就是生产要求与供应之间的平衡过程，用计划规定供应中的时间、规格、数量和质量。执行计划的过程，就是按计划供应的过程。

第二，抓住瓶颈环节，对需求进行平衡。瓶颈环节即关键环节，主要矛盾，对全局影响较大，因此协调抓瓶颈，就是抓重点和关键。

第三，加强调度工作，排除障碍。调度工作做的就是协调工作。调度人员是协调工作的责任者，应健全调度体系，充分发挥调度人员的作用。

三、施工项目近外层关系的组织协调

施工项目的近外层关系，包括与发包人的关系，与设计人的关系，与供应人的关系，与公用单位的关系，与分包人之间的关系等。这些关系都是合同关系或服务关系，应在平等的基础上进行协调。

1. 项目经理部与发包人关系的协调

这两者之间的关系从招投标开始，中间经过施工准备，施工中的检查与验收、进度款支付、工程变更、进度协调、交工验收等，关系非常密切。处理两者之间的关系主要是洽谈、签订和履行合同。有了纠纷，也以合同为依据解决。如果发包人委托监理单位进行监理，则施工项目与监理的关系就是监理与被监理的关系。施工项目经理部应接受监理，按监理制度协调关系。

（1）在施工准备阶段发包人应做好的工作：

1）取得政府主管部门对该项建设任务的批准文件。

2）取得地质勘探资料及施工许可证。

3）取得施工用地范围及施工用地许可证。

4）取得施工现场附近的铁路支线可供使用的许可证。

5）取得施工区域内地上、地下原有建筑物及管线资料。

6）取得在施工区域内进行爆破的许可证。

7）施工区域内征地、青苗补偿及居民迁移工作。

8）施工区域内地面、地下原有建筑物及管线、坟墓、树木、杂物等障碍的拆迁、清理、平整工作。

9）将水源、电源、道路接通至施工区域，电源一般由业主委托供电局将规定的高压电送到施工区域，包括架设变压器（变压器由发包人提供）。

10）向所在地区市容办公室申请办理施工用临时占地手续，负责缴纳应由发包人承担的费用。

11）确定建筑物标高和坐标控制点及道路、管线的定位标桩。

12）对国外提供的设计图纸，应组织人员按本地区的施工图标准及使用习惯进行翻译、放样及绘制工作。

13）向项目经理部交送全部施工图纸及有关技术资料，并组织有关单位进行施工图交底。

14）向项目经理部提供应由发包人供应的设备、材料、成品、半成品加工订货单，包括品种、规格、数量、供应时间及有关情况的说明。

15）会审、签认项目经理部提出的《施工项目管理实施规划》（或施工组织设计）。

16）向建设银行提交开户、拨款所需文件。

17）指派工地代表并明确负责人，书面通知项目经理部。

18）负责将双方签订的《施工准备合同》交送合同管理机关签证。

（2）在施工准备阶段，项目经理部应在规定时间内做好以下各项工作：

1）编制施工项目管理实施计划。

2）根据施工平面图的设计，搭建施工用临时设施。

3）组织有关人员学习、会审施工图纸和有关技术文件，参加发包人组织的施工图交底、会审工作。

4）根据出图情况，组织有关人员及时编制施工预算，并交发包人审核。

5）向发包人提交应由发包人采购、加工、供应的材料、设备、成品、半成品的数量、规格清单，并明确进场时间。

6）负责办理属于项目经理部供应的材料、成品、半成品的加工订货手续。

7）如遇工程特殊（如结构复杂、需用异型钢模多、一次性投入的施工准备费用大等），需由发包人在开工前预拨资金和钢材指标时，应将钢材规格、数量、金额、预拨时间、抵扣办法等，在合同中加以明确。

（3）项目经理部应及时向发包人提供生产计划、统计资料、工程事故报告等。

（4）发包人应按规定向承包人提供下列技术资料：

1）发包人应将单位工程施工图纸，按规定时间送交给项目经理部。如遇外资工程，全部施工图纸不能一次交给项目经理部时，在不影响项目经理部施工准备工作和开工前签订合同的前提下，经项目经理部同意，可分期交付，但应列出分期交付时间明细表，作为合同的附件。

2）发包人应将设备技术文件在规定时间内送交给承包人。

3）国外设计工程，发包人应向承包人提供外文原文图纸及有关技术资料。

4）如要求按外国设计规范施工时，发包人应向项目经理部提供翻译成中文的国外施工规范。

5）项目经理部应及时向发包人提供该工程有关的生产计划、统计资料、工程事故报告等。

6）如果发包人没有力量完成其负责的现场准备或拆迁改线工程时，可委托项目经理部代为施工，但费用由发包人承担。

2．施工项目经理部与监理单位关系的协调

在工程项目实施过程中，监理工程师不仅履行监理职能，同时也履行协调职能。监理工程师在很大程度上是项目与发包人、银行以及其他相关单位之间关系的协调者，因此项目经理部必须处理好与监理工程师之间的关系。处理与工程师之间的关系，应坚持相互信任、相互支持、相互尊重、共同负责的原则，以施工合同为准，确保项目实施质量。同时要按《建设工程监理规范》的规定，接受监督和相关管理，使双方的关系融洽起来。

3．施工项目经理部与设计人关系的协调

施工项目经理部与设计人同是承包单位，他们两者均与发包人订有合同，但两者之间没有合同关系。共同为发包人服务决定了施工方与设计方的密切关系，这种关系是图纸供应关系，设计与施工技术关系等。这些关系发生在设计交底、图纸会审、设计变更与修改、地基处理、隐蔽工程验收和竣工验收等环节中。项目的实施必须取得设计人的理解和支持，尽量避免冲突和矛盾，如果出现问题应及时协商或通过发包人和工程师解决。由于项目经理部与设计人之间的关系主要发生在设计交底、图纸会审、设计洽商变更、地基处理、隐蔽工程验收和交工验收等活动中，故应针对活动要求处理好协作关系。

4．施工项目经理部与供应人之间关系的协调

施工项目与供应人之间关系的协调分合同供应与市场供应，一要充分利用合同，二要充分利用市场机制。

所谓合同供应关系是指项目资源的需求以合同的形式与供应人就资源供应数量、规格、质量、时间、配套服务等事项进行明确，减小资源采购风险，提高资源利用效率。

所谓市场供应关系是指项目所需资源直接从市场通过价格、质量、服务等的对比择优获取。

5．施工项目与公用部门关系的协调

施工项目与公用部门的关系包括与道路、市政管理部门，自来水、煤气、热力、供电、电讯等单位的关系。由于项目建设中与这些单位的关系非常密切，他们往往与业主有合同关系，故应加强计划协调，主要是进行质量保证、施工协作、进度衔接方面的协调。

6．施工项目与分包单位关系的协调

在协调与分包单位关系方面，应注意选好具备相应营业等级及施工能力的分包单位；落实好总分包之间的责任；处理好总分包之间的经济利益；解决好总分包之间的纠纷；按合同办事。

四、施工项目经理部与远外层关系的组织协调

远外层与项目组织不存在合同关系，只是通过法律、法规和社会公德来进行约束，这之间关系的处理主要以法律、法规和社会公德为准绳，相互支持、密切配合、共同服务于项目目标。在处理关系和解决矛盾过程中，应充分发挥中介组织和社会管理机构的作用。在协调中注意以下各项：

（1）项目经理部应要求作业队伍到建设行政主管部门办理分包队伍施工许可证；到劳动管理部门办理劳务人员就业证。

（2）隶属于项目经理部的安全监察部门应办理企业安全资格认可证、安全施工许可证、项目经理安全生产资格证等手续。

（3）隶属于项目经理部的安全保卫部门应办理施工现场消防安全资格认可证；到交通管理部门办理通行证。

（4）项目经理部应到当地户籍管理部门办理劳务人员暂住手续。

（5）项目经理部应到当地城市管理部门办理街道临建审批手续。

（6）项目经理部应到当地政府质量监督管理部门办理建设工程质量监督通知单等手续。

（7）项目经理部应到市容监察部门审批运输不遗洒、污水不外流、垃圾清运、场容与场貌的保证措施方案和通行路线图。

（8）项目经理部应配合环保部门做好施工现场的噪音检测工作，及时报送有关厕所、化粪池、道路等的现场平面布置图、管理措施及方案。

（9）项目经理部因建设需要砍伐树木时必须提出申请，报市园林主管部门审批。

（10）现有城市公共绿地和城市总体规划中确定的城市绿地及道路两侧的绿化带，如特殊原因确需临时占用时，需经城市园林部门、城市规划管理部门及公安部门同意并报当地政府批准。

（11）大型项目施工或者在文物较密集地区进行施工，项目经理部应事先与省市文物部门联系，在开工范围内有可能埋藏文物的地方进行文物调查或者勘探工作，若发现文物，应共同商定处理办法。在开挖基坑、管沟或其他挖掘中，如果发现古墓葬、古遗址和其他文物，应立即停止作业，保护好现场，并立即报告当地政府文物管理机关。

（12）项目经理部持建设项目批准文件、地形图、建筑总平面图、用电量资料等到城市供电管理部门办理施工用电报装手续。委托供电部门进行方案设计的应办理书面委托手续。

（13）供电方案经城市规划管理部门批准后即可进行供电施工设计。外部供电图一般由供电部门设计，内部供电设计主要指变配电室和开闭间的设计，既可由供电部门设计，也可由有资格的设计人设计，并报供电管理部门审批。

（14）项目经理部在建设地点确定并对项目的用水量进行计算后，即应委托自来水管理部门进行供水方案设计，同时应提供项目批准文件、标明建筑红线和建筑物位置的地形图、建设地点周围自来水管网情况、建设项目的用水量等资料。

（15）自来水供水方案经城市规划管理部门审查通过后，应在自来水管理部门办理报装手续，并委托其进行相关的施工图设计。同时应准备建设用地许可证、地形图、总平面图、钉桩坐标成果通知单、施工许可证、供水方案批准文件等资料。由其他设计人员进行的自来水工程施工图设计，应送自来水管理部门审查批准。

第五节　施工项目目标控制概述

一、施工项目进度控制

（一）施工项目进度计划形式的选择

施工项目实施阶段的进度控制的"标准"是施工进度计划。施工进度计划是表示施工项目中各个单位工程或各分项工程的施工顺序、开竣工时间以及相互衔接关系的计划。编制施工进度计划的关键之一是计划形式的选择。

施工进度计划的形式主要有横道计划和网络计划。横道计划的主要优点是时间明确；网络计划的主要优点是各项目之间的关系清楚。在选择进度控制计划模型时，网络计划优越得多，因为它可以提供时间控制的关键（关键线路），可以提供调整的机动时间（非关键线路上的时差），可以提供利用计算机的模型，可以提供调整信息、时间直观的时标网络计划可以弥补网络计划与横道计划相比之不足。

根据国家标准《网络计划技术在项目计划管理中应用的一般程序》（GB/T 13400.3—92），用网络计划进行进度控制要经过 7 个阶段，17 个步骤，见表 4-6。

网络计划的应用步骤　　　　　　　　　　　　　　　　　　　表 4-6

阶　　段	步　　骤	阶　　段	步　　骤
一、准备阶段	1. 确定网络计划目标 2. 调查研究 3. 施工方案设计	五、优化并确定正式网络计划	12. 优化 13. 编正式网络计划
二、绘网络图	4. 项目分解 5. 逻辑关系分析 6. 绘制网络图	六、实施、调整与控制	14. 网络计划贯彻 15. 检查和数据采集 16. 调整与控制
三、时间参数计算定关键线路	7. 计算工作持续时间 8. 计算其他时间参数 9. 确定关键线路	七、结束阶段	17. 总结与分析
四、编可行网络计划	10. 检查与调整 11. 编制可行网络计划		

（二）施工进度计划的实施

实施施工进度计划，要做好三项工作，即编制月（旬）作业计划和施工任务书；做好记录掌握现场施工实际情况；做好调度工作。现分述如下。

1. 编制月（旬）作业计划和施工任务书

施工组织设计中编制的施工进度计划，是按整个项目（或单位工程）编制的，也带有一定的控制性，但还不能满足施工作业的要求。实际作业时是按月（旬）作业计划和施工任务书执行的，故应进行认真编制。

月（旬）作业计划除依据施工进度计划编制外，还应依据现场情况及月（旬）的具体要求编制。月（旬）计划以贯彻施工进度计划、明确当期任务及满足作业要求为前提。

施工任务书是一份计划文件，也是一份核算文件，又是原始记录。它把作业计划下达到班组进行责任承包，并将计划执行与技术管理、质量管理、成本核算、原始记录、资源管理等融合为一体，是计划与作业的连接纽带。

2. 做好记录、掌握现场施工实际情况

在施工中，如实记载每项工作的开始日期、工作进程和结束日期，可为计划实施的检查、分析、调整、总结提供原始资料。要求跟踪记录，如实记录，并借助图表形成记录文件（如图 4-21 所示）。

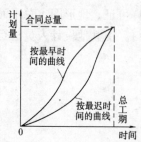

图 4-21　"香蕉"曲线示意图

3．做好调度工作

调度工作主要对进度控制起协调作用。协调配合关系，排除施工中出现的各种矛盾，克服薄弱环节，实现动态平衡。调度工作的内容包括：检查作业计划执行中的问题，找出原因，并采取措施解决；督促供应单位按进度要求供应资源；控制施工现场临时设施的使用；按计划进行作业条件准备；传达决策人员的决策意图；发布调度令等。要求调度工作做得及时、灵活、准确、果断。

（三）施工进度的检查

1．检查方法

施工进度的检查与进度计划的执行是融会在一起的。计划检查是计划执行信息的主要来源，是施工进度调整和分析的依据，是进度控制的关键步骤。

进度计划的检查方法主要是对比法，即实际进度与计划进度进行对比，从而发现偏差，以便调整或修改计划。最好是在图上对比。故计划图形的不同便产生了多种检查方法。

①用横道计划检查；②用网络计划检查；③用香蕉曲线检查；④用实际进度前锋线检查。

2．检查内容

根据不同需要可进行日检查或定期检查。检查的内容包括：

①检查期内实际完成和累计完成工程量；②实际参加施工的人力、机械数量及生产效率；③窝工人数、窝工机械台班数及其原因分析；④进度偏差情况；⑤进度管理情况；⑥影响进度的特殊原因及分析。

3．检查报告

通过进度计划检查，项目经理部应向企业提供月度施工进度计划执行情况检查报告，其内容包括：

①总说明，即对进度执行情况进行综合描述；②实际施工进度图；③工程变更、价格调整、索赔及工程款收支情况；④进度偏差的状况和导致偏差的原因分析；⑤解决问题的措施；⑥计划调整意见。

（四）施工进度调整

1．施工进度的调整内容

根据施工进度计划的检查结果，可进行施工进度调整，调整的内容包括：

①增减施工内容；②增减工程量；③起止时间的改变；④持续时间的延长或压缩；⑤逻辑关系的变化；⑥资源供应的调整。

2．施工进度计划调整的要求

（1）施工进度调整应及时有效。

（2）尽量使用计算机进行科学调整。

（3）如果使用网络计划进行调整，应利用关键线路。当进度延误后，为使工期不至于拖延，应压缩那些有压缩可能，且追加费用最低的关键工作。

（4）调整后应编制新的施工进度计划并及时下达执行。

（五）施工进度总结

项目经理部在施工进度计划完成后，应及时进行施工进度控制总结，为进度控制提供反馈信息。

1. 施工进度控制总结的依据

①施工进度计划；②施工进度计划执行的实际记录；③施工进度计划检查结果；④施工进度计划的调整资料。

2. 施工进度控制总结的内容

①合同工期目标及计划工期目标完成情况；②施工进度控制经验；③施工进度控制中存在的问题；④科学的施工进度计划方法的应用情况；⑤施工进度控制的改进意见。

二、施工项目质量控制

（一）施工质量控制的意义

施工质量控制是工程建设质量管理的最重要一环，因此施工质量控制的意义应当提高到工程建设质量乃至经济建设的高度来认识。

1. 我国的经济建设要上新台阶，必须大力加强质量意识

质量不断改进和提高，是经济工作中一个永恒的主题，也是永远有内容的老课题。当今的时代，是决策者重视质量的时代，"质量是打开世界市场的金钥匙"（美国桑德霍姆）。江泽民同志说："提高产品质量，提高经济效益，是实现我国经济发展第二步奋斗目标的一个重要经济发展战略……"，"产品质量是个极其重要的问题，我们必须把产品质量提到突出的位置来抓，一个国家产品质量的好坏，从一个侧面反映了民族的素质。"不少专家提议在我国要实施质量的长远战略，必须以质量立国，以质量兴国，把质量政策确定为国家的基本国策。质量关系到国家的命运、民族的未来。质量是企业的生命，要靠质量出信誉，靠信誉闯市场，靠市场增效益。所以，质量是企业立足市场的基石，是企业竞争举足轻重的筹码。

2. 企业转换机制，必须确立质量发展战略

企业转换机制，很重要的一条就是企业要走向市场。开拓市场靠信誉，提高信誉靠质量，所以质量是转换企业机制的关键。只有企业成为市场主体的一方，才有不断提高产品质量的压力和动力，才能使质量第一的思想落到实处。在工作中企业要注意几个结合：一是数量和质量的结合。坚持在确保质量的基础上增加产品数量，这实际上是处理好质量、工期和效益的关系。二是生产要素和科技含量的结合。提高质量的根本途径是技术进步，管理水平的提高也是技术进步的重要内容。正确的决策能为企业带来高质量的工程。三是质量效益良性循环和质量投入的结合。良性循环是指重视质量，加强质量投入，从而带来好信誉，占领更多市场，给企业带来更高的效益。效益好了，才能有更多的质量投入。四是企业经营管理和"用户至上"的宗旨相结合。质量必须以用户需要、用户满意为中心。消费者在提高质量中有监督作用。

3. 以质量赢得市场

市场是整个经济活动的出发点，质量的好坏最终要用市场来检验。把质量搞上去，就必须符合市场的要求，达到用户的满意。质量要强调适用性，不单单强调符合性。市场还有消极的一面，市场经济的自发性，会产生商品生产的盲目性。一些企业为了赚钱则往往忽视质量。有的单位为了加快工期、降低造价，往往粗制滥造，以次充好。忽视质量就会失去市场。

4. 搞好工程质量，必须进行综合治理

建设部提出要从三个方面理解这个问题。

（1）从工程质量的地位和作用来看，工程质量比服务质量和其他产品质量都重要，它既要满足用户的需要，也要作为一种艺术品，代表民族、时代和文化特征及精神风貌，故工程质量与政治、经济、文化相联系，涉及科学技术，因此需要综合治理。

（2）质量是一个复杂的系统，涉及到许多生产要素，某一个要素有问题，就会影响质量。所以，要提高工程质量，从生产要素方面来看，也要综合治理。

（3）从工程质量的特性或从工程质量的广义概念来说，也需要综合治理。因为工程质量的特性包括寿命、可靠性、维修性、安全性、经济性，还有工程的环境性和功能性。因此，工程质量有差异性，在进行综合治理时，要具体问题具体分析，具体解决；工程质量有机制性，即工程质量与工程管理的机制相关，故在抓工程质量综合治理时，必须深化工程管理的机制改革；质量有它的竞争性，要完善工程质量，就要利用激励机制，如按质论价，优质优价；工程质量有民族素质性，民族素质的提高有一个过程，故工程质量的提高也需要有一个过程。

强调工程质量的综合治理，就工程本身来讲，要强调六个并重。第一是设计施工并重；第二是结构装修并重；第三是主体与配套并重；第四是操作与管理并重；第五是单体与群体并重；第六是质量保证与质量监督并重。

（二）施工项目质量控制要求

（1）按照企业质量体系的要求运行，在全过程中贯彻企业的质量方针和目标，兑现合同承诺，满足顾客要求。

（2）坚持"PDCA"循环的工作方法，持续改进过程控制和产品。

（3）满足工程施工及验收规范和工程质量检验评定标准的要求。

（4）项目质量控制包括人、材料、机械、方法、环境5个因素。

（5）所有的施工过程都应按规定要求进行自检、互检、交接检。分项工程未经检验或已经检验评为不合格的，严禁转入下道工序。

（6）项目经理部建立项目质量责任制和考核评价体系，项目经理是施工阶段项目质量控制的第一责任人。过程质量控制责任应落实到每一道工序和岗位。

（7）坚持施工项目质量一票否决制度。

（8）承包人应对项目质量和质量保修工作对发包人负责。分包工程质量由分包人向承包人负责。承包人对分包人的工程质量问题承担连带责任。

（9）质量控制实施程序如下：

1）确定项目质量目标。

2）编制项目质量计划。

3）项目质量计划实施。其中包括：

①施工准备阶段质量控制的程序是：索取设计图纸，设计图纸会审，控制桩复测，选择分承包人，编制作业指导书，提出开工报告。

②施工阶段质量控制的程序是：技术交底，测量、材料、设备、计量、变更设计、环境保护控制，项目质量计划验证，持续改进，项目竣工评价。

③交工阶段质量控制的程序是：最终检验和试验，质量缺陷处理，整理质量记录，编制交工文件，承包人自检，发包人验收，交工验收报告。

（三）质量控制依据

质量控制依据如下：

（1）工程技术标准，包括：施工及验收规范、质量检验评定标准、合同中规定采用的技术标准等。这方面的标准多为强制性的，必须严格执行。

（2）质量管理标准，主要是 GB/T 19000—2000、GB/T 19001—2000 和 GB/T 19004—2000 三个质量体系标准。

（3）工程设计图纸及说明书。

（4）有关法律法规，包括：《建筑法》、《建设工程质量管理条例》等。

（5）部门和地区有关质量管理的标准、规定。

（6）企业质量管理制度。

三、施工项目安全控制

（一）施工项目安全控制的特点

施工项目安全是指在施工中不发生危险，不出事故，不造成人身伤亡和财产损失。安全既包括人身安全，又包括财产安全。施工项目安全控制的目的就是保证安全目标的实现。施工项目安全控制有以下特点：

（1）安全控制的难点多。由于施工受自然环境的影响大、高处作业多、地下作业多、大型机械多、用电作业多、易燃物多，因此安全事故引发点多，安全控制的难点必然大量存在。

（2）安全控制的劳保责任重。这是因为建筑施工是劳动密集型，手工作业多，人员数量大，交叉作业多，作业的危险性大。因此，要通过加强劳动保护创造安全施工条件。

（3）施工项目安全控制是一个大系统。它处在企业安全控制的大环境之中。它包括以下分系统：安全组织系统，安全法规系统和安全技术系统。安全组织系统是企业内部的安全部门和安全管理人员；安全法规系统指企业必须执行国家、行业、地方政府制定的安全法规，也必须有企业自身的安全管理制度；安全技术系统按操作对象、工种、机械的特点进行专业分类，如施工电气安全技术、脚手架安全技术、起重吊装安全技术、锅炉和压力容器安全技术、工业卫生安全技术、防火安全技术等。

（4）施工现场是安全控制的重点。这是因为施工现场人员集中、物资集中，作业场所事故一般都发生在现场。

（二）施工项目安全控制要求

（1）贯彻国家有关安全生产的法律、行政法规，坚持"安全第一、预防为主"的方针，建立健全安全生产责任制，保证安全目标的实现。

（2）项目经理是安全生产的第一责任人，对项目的安全生产负全面责任，故项目经理部应建立安全生产保证体系，针对项目特点，制定安全施工组织设计或安全技术措施。

（3）针对施工中人的不安全行为，物的不安全状态，作业环境的不安全因素和管理缺陷进行安全控制。

（4）实行分包的项目，安全控制由承包人全面负责，分包人向承包人负责，并服从承包人对施工现场的安全管理。

（5）项目经理部和分包人在施工中必须保护环境。

（6）项目经理部必须建立施工安全生产教育制度，未经安全生产教育的人员不得上岗作业。

（7）给从事危险作业的人员办理意外伤害保险。

（8）施工中发生工伤事故时，责任人必须按国务院安全行政主管部门的规定及时报告和处理。

（9）作业人员对危及生命安全和人身健康的行为，有权抵制、检举和控告。

（10）按下列程序实施安全控制：

1）确定施工安全目标。

2）编制项目安全计划。

3）项目安全计划实施：

①建立安全生产责任制；②建立安全保证体系；③确定安全管理要点；④进行安全生产培训；⑤编制并实施安全技术措施；⑥进行安全技术交底；⑦安全检查；⑧伤亡事故处理。

4）项目安全计划验证。

5）持续改进。

6）兑现合同承诺。

（三）施工项目安全责任保证体系

施工项目安全责任保证体系见图 4-22 所示。

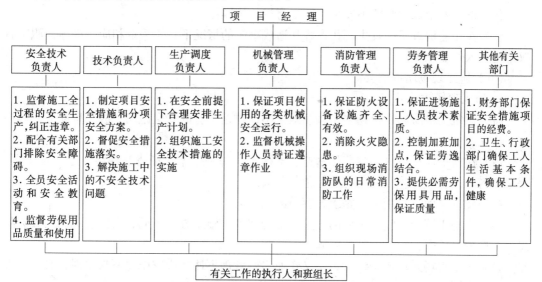

图 4-22 施工项目安全责任保证体系

（四）项目经理的安全职责及作业人员的安全纪律

1. 项目经理的安全职责

（1）作为施工项目安全施工的责任核心，对参加施工的全体职工的安全与健康负责，把安全生产责任落实到每一个生产环节中。

（2）组织施工项目中的安全施工教育。

（3）主持处理施工现场发生的重大安全事故。

（4）配备施工项目的安全技术人员。

（5）定期组织召开安全生产会议，研究安全措施和对策。

（6）每天巡视施工现场，发现隐患，组织解决。

（7）组织开展现场安全施工活动，建立安全施工工作日志。

2. 作业人员必须遵守安全纪律

（1）没有安全技术措施和安全交底不准作业。

（2）安全设施未做到齐全有效不准作业。

（3）危险作业面未采取有效安全措施不准作业。

（4）发现事故隐患未及时排除不准作业。

（5）不按规定使用安全劳动保护用品不准作业。

（6）非特种作业人员不准从事特种作业。

（7）机械电器设备安全防护装置不齐全不准作业。

（8）对机械、设备、工具的性能不熟悉不准使用。

（9）新工人不经培训，或培训考试不合格不准上岗作业。

3. 给予职工以下拒绝权

（1）在安排施工生产任务时，如不安排安全生产措施，职工有权拒绝上岗作业。

（2）现场条件有了变化，安全措施跟不上，职工有权拒绝施工。

（3）干部违章指挥，职工有权拒绝服从。

（4）设备安全保护装置不安全，职工有权拒绝操作。

（5）在作业地点条件发生恶化，容易造成事故的情况下，不采取相应的措施，职工有权拒绝进入作业地点。

（五）施工现场防火概要

1. 施工现场防火的特点

（1）建筑工地易燃建筑物多，且场地狭小，缺乏应有的安全距离，故一旦起火，容易蔓延成灾。

（2）建筑工地易燃材料多，如木材、木模板、脚手架木、沥青、油漆、乙炔发生器、保温材料、油毡等，故应加以特别保护与防火。

（3）建筑工地临时用电线路多，容易漏电起火。

（4）在施工期间，随着工程的进展，工种增多，施工方法不同，会出现不同的火灾隐患，故应分阶段进行消防设计与实施。

（5）施工现场人员流动性大，交叉作业多，管理不便，火灾隐患不易发现，必须人人提高消防意识。

（6）施工现场消防水源和消防道路均系临时设置，消防条件差，一旦起火，往往灭火困难，故每个工地都应有消防水源和设施。

总之，建筑施工现场产生火灾的危险性大，稍有疏忽，就有可能发生火灾事故，必须预防周密。

2. 消防工作的意义

我国的消防工作坚持"预防为主，消防结合的方针"。消防工作的意义有以下几点：

（1）保卫社会主义建设和社会秩序的安全。

（2）保护国家财产和人民群众自己的财产。

（3）保障人民的生命安全和生活安定。

3．施工现场的火灾隐患

（1）石灰受潮发热起火。工地储存的生石灰，在遇水和受潮后，便会在熟化的过程中达到800℃左右的温度，遇到可燃烧的材料后便会引火燃烧。

（2）木屑自燃起火。大量木屑堆积时，就会发热，积热量增多后，再吸收氧气，便可能自燃起火。

（3）熬沥青作业不慎起火。熬制沥青温度过高或加料过多，就会沸腾外溢，或产生易燃蒸气，接触炉火而起火。

（4）仓库内的易燃物触及明火就会燃烧起火。这些易燃物有塑料、油类、木材、酒精、油漆、燃料、防护用品等。

（5）焊接作业时火星溅到易燃物上引火。

（6）电气设备短路或漏电，冬期施工用电热法养护不慎起火。

（7）乱扔烟头，遇易燃物引火。

（8）烟囱、炉灶、火炕、冬季炉火取暖或养护，管理不善起火。

（9）雷击起火。

（10）生活用房不慎起火蔓延至施工现场。

4．火灾预防管理工作

（1）企业对上级有关消防工作的政策、法规、条例等要认真贯彻执行，将防火纳入领导工作的议事日程，做到在计划、布置、检查、总结、评比时均考虑防火工作，制定各级领导防火责任制。

（2）企业建立以下防火制度：

①各级安全防火责任制；②工人安全防火岗位责任制；③现场防火工具管理制度；④重点部位安全防火制度；⑤安全防火检查制度；⑥火灾事故报告制度；⑦易燃、易爆物品管理制度；⑧用火、用电管理制度；⑨防火宣传、教育制度。

（3）建立安全防火委员会。由现场施工负责人主持，在进入现场后立即建立，有关技术、安全保卫、行政等部门参加，在经理的领导下开展工作。其职责是：

1）贯彻国家消防工作方针、法律、文件及会议精神，结合本单位具体情况部署防火工作。

2）定期召开防火委员会会议，研究布置现场安全防火工作。

3）开展安全消防教育和宣传。

4）组织安全防火检查，提出消除隐患措施，并监督落实。

5）制定安全消防制度及保证防火的安全措施。

6）对防火灭火有功人员奖励，对违反防火制度及造成事故的人员批评、处罚以至追究责任。

（4）设专职、兼职防火员，成立义务消防队组织。其职责是：

1）监督、检查各级人员落实防火责任制的情况。

2）审查防火工作措施并督促实施。

3）参加制订、修改防火工作制度。

4）经常进行现场防火检查，协助解决防火问题，发现火灾隐患有权指令停止生产或查封，并立即报告有关领导研究解决。

5）推广消防工作先进经验。

6）对工人进行防火知识教育，组织义务消防队员培训和灭火演习。

7）参加火灾事故调查、处理、上报。

四、施工项目成本控制

（一）施工项目成本控制的概念及意义

施工项目成本控制，就是在其施工过程中，运用必要的技术与管理手段对物化劳动和活劳动消耗进行严格组织和监督的一个系统过程。施工企业应以施工项目成本控制为中心进行施工项目管理。成本控制的主要意义有以下几点：

（1）施工项目成本控制是施工项目工作质量的综合反映，施工项目成本的降低，表明施工过程中物化劳动和活动动消耗的节约。活劳动的节约，表明劳动生产率提高；物化劳动节约，说明固定资产利用率提高和材料消耗率降低。所以，抓住施工项目成本控制这项关键，可以及时发现施工项目生产和管理中存在的问题，以便采取措施，充分利用人力和物力，降低施工项目成本。

（2）施工项目成本控制是增加企业利润、扩大社会积累的最主要途径。在施工项目价格一定的前提下，成本越低，盈利越高。施工企业以施工为主业，因此其施工利润是企业经营利润的主要来源，也是企业盈利总额的主体，故障低施工项目成本即成为施工企业盈利的关键。

（3）施工项目成本控制是推行项目经理项目承包责任制的动力。项目经理项目承包责任制中，规定项目经理必须承包项目质量、工期与成本三大约束性目标。成本目标是经济承包目标的综合体现。项目经理要实现其经济承包责任，就必须充分利用生产要素市场机制，管好项目，控制投入，降低消耗，提高效率，将质量、工期和成本三大相关目标结合起来进行综合控制。这样，既实现了成本控制，又带动了施工项目的全面管理。

（二）施工项目成本控制总体要求

（1）项目成本控制应作为项目经理部为实现《项目管理目标责任书》中规定的责任目标成本而展开的成本预测、计划、实施、核算、分析、考核、编制成本报告与整理资料的系统管理活动，作为实行项目成本核算制的主要内容。

（2）项目经理部的成本控制范围，为施工过程直接发生的、在项目经理部管理职责权限内能控制的各种消耗和费用。项目经理部不承担以下因素造成的风险责任：

1）企业在投标竞争过程中已经考虑的压价、让利或估价失误等。

2）不可预见的市场价格变动。

3）不可预见的和不可抗拒的自然灾害造成的经济损失。

4）施工合同、设计、图纸改变造成的经济损失。

（3）承包人建立和完善以企业管理层作为经营和利润中心、项目管理层作为成本管理控制中心的功能和机制，为项目管理创造优化配置生产要素、实施动态管理的环境和条件。

（4）项目经理部建立以项目经理为中心的成本控制体系，通过成本目标的按层和按岗位分解，明确各管理人员的成本责任、权限及相互关系，以形成全面、全过程的成本控制网络。

（5）成本控制按以下环节和程序进行：

1）成本预测：指企业为进行投标估价而进行的成本预测。

2）成本计划：企业和项目经理部根据施工合同商定责任目标成本，纳入《项目管理目标责任书》，项目经理部通过编制项目管理实施规划和施工预算，确定计划目标成本。

3）实施成本计划：根据计划目标成本，配置生产要素，对施工过程中的成本发生进行过程控制，收集实际成本数据，将实际成本与计划成本目标进行比较，求出偏差并分析原因，制定纠偏措施，进行纠偏并预测后期成本变动趋势。

4）成本核算：除在上述过程中进行成本核算外，还应进行成本结算并在以后的成本分析中进行核算。

5）成本分析：对施工过程中的成本偏差和成本结算进行分析，编制月度成本报告和项目成本报告。

6）编制成本资料并按规定存档。

（三）施工项目成本核算制

（1）项目经理部根据国家财务制度和会计制度的有关规定，明确项目成本核算工作的原则和要求，在企业职能部门的指导下，建立相关的核算工作制度，设置必要的核算台账，正确记录原始数据资料。

（2）施工过程项目成本的核算，每月为一核算期，在月末进行。核算对象按单位工程划分，与施工项目管理责任目标成本的界定范围相一致。核算应坚持施工形象进度、施工产值统计、实际成本归集"三同步"的原则。施工产值及实际成本的归集，参照以下方法进行：

1）按照统计人员提供的当月完成工程量的价值，依照有关规定扣减各项上缴费用后，作为当期工程结算收入。

2）人工费按照劳资人员提供的用工分析和受益对象进行账务处理，计入工程成本。

3）材料费根据当月项目材料消耗和实际价格，计算当期消耗，计入工程成本；周转材料实行内部租赁制，按照当月租赁时间、数量、单价，计入工程成本。

4）机械使用费按照项目当月租赁使用的施工机械设备，根据租赁台班和租赁单价计算租赁费，计入工程成本。

5）其他直接费根据有关核算资料进行账务处理，计入工程成本。

6）间接成本根据现场所发生的间接成本项目的有关资料进行账务处理，计入工程成本。

（3）项目成本核算采取会计核算、统计核算和专业核算相结合的方法，并进行以下比较分析：

1）实际成本与责任目标成本的比较分析。

2）实际成本与计划目标成本的比较分析，辅以统计核算和专业核算资料，说明成本节超数量和原因。

（4）项目经理部在跟踪核算分析的基础上，编制月度项目成本报告，递交给企业主管部门进行检查、考核和指导。

（5）项目经理部在每月核算、分析成本的同时，根据分部分项成本的累计偏差和相应的计划目标成本余额，预测后期成本的变化趋势和状况；结合偏差原因分析总结经验，寻求改善成本状况的措施，并通过下月施工计划的制定和实施，促使施工成本在波动中总体上处于受控状况。

（四）成本计划

（1）按以下程序确定项目经理部的责任目标成本，使之建立在科学、合理、切实可行的基础上：

1）在施工合同签订后，由企业根据合同造价、施工图和招标文件中的工程量清单，确定正常情况下的企业管理费、财务费用和制造成本。

2）将正常情况下的制造成本确定为项目经理的可控成本，形成项目经理的责任目标成本。

（2）施工项目经理在接受委托授权之后，主持编制项目管理实施规划，对施工方案、资源配置、管理措施等进行策划，寻求降低成本挖掘潜力的途径，并在此基础上，编制施工预算，确定施工项目的计划目标成本，作为项目成本控制的目标。

（3）施工预算的编制注意以下事项：

1）以优化的施工技术方案、组织方案和管理措施为依据，按照本企业的管理水平、消耗定额、作业效率等进行工料分析，根据市场价格信息，确定施工预算费用。

2）在工程开工前或开工后的不久编制完成，当某些环节或分部分项工程施工条件尚不明确时，也应按照以往类似工程施工经验或招标文件所提供的计量依据做出暂估费用，以便形成完整的项目计划目标成本，为项目经理部责任目标成本的分解和控制提供依据。

（4）采用目标管理方法，将责任目标成本进行分解，以明确控制的范围和要求，落实控制的责任人及其相互关系：

1）按工程的部位进行施工成本分解，为分部分项工程成本核算提供依据。

2）按成本项目分解，确定项目的人工费、材料费、机械费、其他直接费和施工管理费的构成，为施工生产要素配置的成本核算提供依据。

（5）根据计划目标成本分解，编制成"目标成本控制措施表"，将各分部分项工程成本控制目标和要求、各成本要素的控制目标和要求，落实到成本控制的责任者，明确成本控制的措施、方法和时间，结合成本核算和分析的资料进行检查和改善。

（五）成本控制运行

（1）坚持按照增收节支、全面控制、责权利结合的原则，用目标管理方法对实际施工成本的发生过程进行有效控制。

（2）根据计划目标成本的控制要求，做好施工采购策划，通过生产要素的优化配置、合理使用、动态管理，使实际成本的发生处于受控状态。施工采购策划包括：

1）分包人的选择或劳动力的使用。

2）施工机械、设备、模具等的租赁或购置。

3）施工材料、构配件的采购与加工。

（3）加强施工定额管理和施工任务单管理，通过以下途径控制活劳动和物化劳动的消耗，使实际成本的发生处于可控状态。

1）使用先进合理的施工定额并在实践中不断收集信息、完善定额。

2）对作业班组进行施工任务书交底，使其明确施工方法、作业要领、工料消耗标准、工期、质量和安全要求等，严格验工考核，认真管理。

3）加强质量检查，及时发现不良施工倾向，避免施工质量缺陷和不合格工序产生，提高一次交验合格率，控制因施工整改、已完工程报废、例外质量检测等造成质量成本的提高。

（4）加强计划管理和施工调度，最大限度地避免因施工计划不周和盲目调度造成窝工损失、机械利用率降低、物料积压等原因导致的施工成本增加。

1）周密进行施工部署，尽可能做到各专业工种连续均衡施工。

2）掌握施工作业进度变化及"时差"利用状况，健全施工例会，加强调度，搞好协调。

3）合理配置施工主辅机械，明确划分使用范围和作业任务，抓好进出场管理，提高利用率和使用效率。

（5）加强施工合同管理和施工索赔管理，正确运用施工合同条件和有关法规，及时办理因下列原因所引起的施工成本增加或经济损失的索赔或签证手续。

1）按发包人或监理工程师指令执行的设计变更。

2）因非承包人原因所出现的施工条件变化，经监理工程师确认的施工方案或措施的变更。

3）因发包人的施工图纸提供时间延误或合同规定由发包人提供的其他施工条件不能按规定时间和要求落实到位，影响施工按计划进行而造成的工期延误和经济损失。

第五章　施工项目现场管理和生产要素管理

第一节　施工项目现场管理

一、施工项目现场管理概述

（一）施工项目现场管理的概念与目的

施工项目现场指从事工程施工活动经批准占用的施工场地。该场地既包括红线以内占用的建筑用地和施工用地，又包括红线以外现场附近经批准占用的临时施工用地。它的管理是指对这些场地如何科学安排、合理使用，并与各种环境保持协调关系。

"规范场容、文明施工、安全有序、整洁卫生、不扰民、不损害公共利益"，这就是施工项目现场管理的目的。

（二）施工项目现场管理的意义

（1）施工项目现场管理的好坏首先涉及施工活动能否正常进行。施工现场是施工的"枢纽站"，大量的物资进场后"停站"于施工现场。活动在现场的大量劳动力、机械设备和管理人员，通过施工活动将这些物资一步步地转变成项目产品。这个"枢纽站"管得好坏，涉及到人流、物流和财流是否畅通，涉及到施工生产活动是否顺利进行。

（2）施工项目现场是一个"绳结"，把各专业管理联系在一起。在施工现场，各项专业管理工作按合理分工分头进行，而又密切协作，相互影响，相互制约，很难截然分开。施工现场管理的好坏，直接关系到各项专业管理的技术经济效果。

（3）工程施工现场管理是一面"镜子"，能照出施工单位的面貌。通过观察工程施工现场，施工单位的精神面貌、管理面貌、施工面貌赫然显现。一个文明的施工现场有着重要的社会效益，会赢得很好的社会信誉。反之也会损害施工企业的社会信誉。

（4）工程施工现场管理是贯彻执行有关法规的"焦点"。施工现场与许多城市管理法规有关，诸如：地产开发、城市规划、市政管理、环境保护、市容美化、环境卫生、城市绿化、交通运输、消防安全、文物保护、居民安全、人防建设、居民生活保障、工业生产保障、文明建设等。每一个在施工现场从事施工和管理工作的人员，都应当有法制观念，执法、守法、护法。每一个与施工现场管理发生联系的单位都注目于工程施工现场管理。所以施工现场管理是一个严肃的社会问题和政治问题，不能有半点疏忽。施工项目管理涉及的法律、法规、部门规章和规范性文件主要有以下一些：

《建设工程施工现场管理规定》（即15号令）（见附录5-1）、《文物保护法》、《环境噪声污染防治法》、《消防条例》、《环境管理体系标准》（GB/T 24000—1996 idt ISO 14000:1994）、《建设工程施工合同(示范文本)》、《建设工程施工现场综合考评试行办法》（见附录5-2）等。

二、施工项目现场管理的内容

（一）合理规划施工用地

首先要保证场内占地合理使用。当场内空间不充分时，应会同建设单位、规划部门和公安交通部门申请，经批准后才能获得并使用场外临时施工用地。

（二）在施工组织设计中，科学地进行施工总平面设计

施工组织设计是工程施工现场管理的重要内容和依据，尤其是施工总平面设计，目的就是对施工场地进行科学规划，以合理利用空间。在施工总平面图上，临时设施、大型机械、材料堆场、物资仓库、构件堆场、消防设施、道路及进出口、加工场地、水电管线、周转使用场地等，都应各得其所，关系合理合法，从而呈现出现场文明，有利于安全和环境保护，有利于节约，便于工程施工。

（三）根据施工进展的具体需要，按阶段调整施工现场的平面布置

不同的施工阶段，施工的需要不同，现场的平面布置亦应进行调整。当然，施工内容变化是主要原因，另外分包单位也随之变化，他们也对施工现场提出新的要求。因此，不应当把施工现场当成一个固定不变的空间组合，而应当对它进行动态的管理和控制，但是调整也不能太频繁，以免造成浪费。一些重大设施应基本固定，调整的对象应是耗费不大的规模小的设施，或已经实现功能失去作用的设施，代之以满足新需要的设施。

（四）加强对施工现场使用的检查

现场管理人员应经常检查现场布置是否按平面布置图进行，是否符合各项规定，是否满足施工需要，还有哪些薄弱环节，从而为调整施工现场布置提供有用的信息，也使施工现场保持相对稳定，不被复杂的施工过程打乱或破坏。

（五）建立文明的施工现场

文明施工现场即指按照有关法规的要求，使施工现场和临时占地范围内秩序井然，文明安全，环境得到保持，绿地树木不被破坏，交通畅达，文物得以保存，防火设施完备，居民不受干扰，场容和环境卫生均符合要求。建立文明施工现场有利于提高工程质量和工作质量，提高企业信誉。为此，应当做到主管挂帅，系统把关，普遍检查，建章建制，责任到人，落实整改，严明奖惩。

（1）主管挂帅，即公司和工区均成立主要领导挂帅，各部门主要负责人参加的施工现场管理领导小组，在企业范围内建立以项目管理班子为核心的现场管理组织体系。

（2）系统把关，即各管理业务系统对现场的管理进行分口负责，每月组织检查，发现问题便及时整改。

（3）普遍检查，即对现场管理的检查内容，按达标要求逐项检查，填写检查报告，评定现场管理先进单位。

（4）建章建制，即建立施工现场管理规章制度和实施办法，按法办事，不得违背。

（5）责任到人，即管理责任不但明确到部门，而且各部门要明确到人，以便落实管理工作。

（6）落实整改，即对各种问题，一旦发现，必须采取措施纠正，避免再度发生。无论涉及到哪一级、哪一部门、哪一个人，决不能姑息迁就，必须整改落实。

（7）严明奖惩。如果成绩突出，便应按奖惩办法予以奖励；如果有问题，要按规定给予必要的处罚。

（六）及时清场转移

施工结束后，项目管理班子应及时组织清场，将临时设施拆除，剩余物资退场，组织

向新工程转移，以便整治规划场地，恢复临时占用土地，不留后患。

三、对施工现场管理的要求

（一）基本要求

（1）现场门头应设置企业标志。承包人项目经理部应负责施工现场场容、文明形象管理的总体策划和部署。各分包人应在承包人项目经理部的指导和协调下，按照分区划块原则，搞好分包人施工用地区域的场容文明形象管理规划并严格执行。

（2）项目经理部应在现场入口的醒目位置，公示以下标牌：

①工程概况牌包括：工程规模、性质、用途，发包人、设计人、承包人、监理单位的名称和施工起止年月等。

②安全纪律牌。

③防火须知牌。

④安全无重大事故计时牌。

⑤安全生产、文明施工牌。

⑥施工总平面图。

⑦施工项目经理部组织架构及主要管理人员名单图。

（3）项目经理应把施工现场管理列入经常性的巡视检查内容，并与日常管理有机结合，认真听取近邻单位、社会公众的意见和反映，及时抓好整改。

（二）规范场容的要求

（1）施工现场场容规范化应建立在施工平面图设计的科学合理化和物料器具定位管理标准化的基础上。承包人应根据本企业的管理水平，建立和健全施工平面图管理和现场物料器具管理标准，为项目经理部提供场容管理策划的依据。

（2）项目经理部必须结合施工条件，按照施工技术方案和施工进度计划的要求，认真进行施工平面图的规划、设计、布置、使用和管理。

①施工平面图宜按指定的施工用地范围和布置的内容，分为施工总平面图和单位工程施工平面图，分别进行布置和管理。

②单位工程施工平面图宜根据不同施工阶段的需要，分别设计成阶段性施工平面图，并在阶段性进度目标开始实施前，通过施工协调会议确认后实施。

（3）应严格按照已审批的施工总平面图或相关的单位工程施工平面图划定的位置，布置施工项目的主要机械设备，脚手架，模具，施工临时道路，供水、供电、供气管道或线路，施工材料制品堆场及仓库，土方及建筑垃圾，变配电间，消防栓，警卫室，现场办公、生产、生活临时设施等。

（4）施工物料器具除应按施工平面图指定位置就位布置外，尚应根据不同特点和性质，规范布置方式与要求，包括执行码放整齐、限宽限高、上架入箱、规格分类、挂牌标识等管理标准。

（5）在施工现场周边应设置临时围护设施。市区工地的周边围护设施应不低于1.8m。临街脚手架、高压电缆、起重把杆回转半径伸至街道的，均应设置安全隔离棚。危险品库附近应有明显标志及围挡措施。

（6）施工现场应设置畅通的排水沟渠系统，场地不积水、不积泥浆，保持道路干燥坚实。工地地面宜做硬化处理。

（三）施工现场环境保护

（1）施工现场泥浆和污水未经处理不得直接排入城市排水设施和河流、湖泊、池塘。

（2）除有符合规定的装置外，不得在施工现场熔化沥青或焚烧油毡、油漆，亦不得焚烧其他可产生有毒有害烟尘和恶臭气味的废弃物，禁止将有毒有害废弃物作土方回填。

（3）建筑垃圾、渣土应在指定地点堆放，每日进行清理。高空施工的垃圾及废弃物应采用密闭式串筒或其他措施清理搬运。装载建筑材料、垃圾或渣土的车辆，应有防止尘土飞扬、洒落或流溢的有效措施。施工现场应根据需要设置机动车辆冲洗设施，冲洗污水应作处理。

（4）在居民和单位密集区域进行爆破、打桩等施工作业前，项目经理部应将作业计划、影响范围、程度及有关措施等情况，向受影响范围的居民和单位通报说明，取得协作和配合；对施工机械的噪音与振动扰民，应有相应措施予以控制。

（5）经过施工现场的地下管线，应由发包人在施工前通知承包人，标出位置，加以保护。施工时发现文物、古迹、爆炸物、电缆等，应当停止施工，保护好现场，及时向有关部门报告，按照有关规定处理后方可继续施工。

（6）施工中需要停水、停电、封路而影响环境时，必须经有关部门批准，事先告示。在行人、车辆通行的地方施工，应当设置沟、井、坎、穴覆盖物和标志。

（7）温暖季节宜对施工现场进行绿化布置。

（四）施工现场的防火与保安

（1）应做好施工现场保卫工作，采取必要的防盗措施。现场应设立门卫，根据需要设置警卫。施工现场的主要管理人员在施工现场应当佩戴证明其身份的证卡，应采用现场施工人员标识。有条件时可对进出场人员使用磁卡管理。

（2）承包人必须严格按照《中华人民共和国消防条例》的规定，在施工现场建立和执行防火管理制度，现场必须安排消防车出入口和消防道路，设置符合要求的消防设施，保持完好的备用状态。在容易发生火灾的地区施工或储存、使用易燃、易爆器材时，承包人应当采取特殊的消防安全措施。现场严禁吸烟，必要时可设吸烟室。

（3）施工现场的通道、消防入口、紧急疏散楼道等，均应有明显标志或指示牌。有高度限制的地点应有限高标志。

（4）施工中需要进行爆破作业的，必须经上级主管部门审查批准，并持说明爆破器材的地点、品名、数量、用途、四邻距离的文件和安全操作规程，向所在地县、市公安局申领"爆破物品使用许可证"，由具备爆破资质的专业人员按有关规定进行施工。

（五）卫生防疫及其他事项

（1）施工现场不宜设置职工宿舍，必须设置时应尽量和施工场地分开。现场应准备必要的医务设施。在办公室内显著地点张贴急救车和有关医院电话号码，根据需要制定防暑降温措施，进行消毒、防毒。施工作业区与办公区应明显划分。

（2）现场涉及的保密事项应通知有关人员执行。

（3）承包人应考虑施工过程中必要的投保。应明确施工保险及第三者责任险的投保人和投保范围。

（4）现场管理应进行考评，考评办法参照附件5-2由企业制定。

（5）应进行现场节能管理。有条件的现场应下达能源使用指标。

(6) 食堂、厕所要符合卫生要求，现场应设置饮水设施。

第二节 施工项目生产要素管理概述

一、施工项目生产要素管理的概念

（一）什么是生产要素

生产要素是指形成生产力的各种要素。形成生产力的第一要素是科学技术。科学技术的水平，决定和反映了生产力的水平。科学技术被劳动者所掌握，并且融会在劳动对象和劳动手段中，便能形成相当于科学技术水平的生产力水平。生产力的要素还包括劳动力，即具有劳动能力的人。人是生产力中最活跃的因素，他掌握生产技术，运用劳动手段，作用于劳动对象，从而形成生产力。劳动手段是指机械、设备工具和仪器等不动产，它只有被人所掌握才能形成生产力。劳动对象是指掌握一定的科学技术，利用劳动手段，进行"改造"的对象。通过"改造"，使劳动对象形成为产品，即输入劳动对象，产出具有价值和使用价值的产品，它包括各种材料或半成品。在商品生产条件下，进行生产活动，发挥生产力的作用进行劳动对象的改造，还必须有资金，资金也是生产要素，因为它是财产和物资的货币表现。也可以说资金是一定货币和物资的价值总和，它是一种流通手段。投入生产的劳动对象、劳动手段和劳动力，只有支付一定的资金才能得到；也只有得到一定的资金，生产者才能将产品销售给用户，并以此维持再生产活动或扩大再生产活动。

施工项目的生产要素是指生产力作用于施工项目的有关要素，也可以说是投入施工项目的劳动力、材料、机械设备、技术和资金等诸要素。加强施工项目管理，必须对施工项目的生产要素认真研究，强化其管理。

（二）施工项目生产要素管理的意义

施工项目生产要素管理的最根本意义在于节约活劳动和物化劳动。具体说来有以下几点：

（1）进行生产要素优化配置，即适时、适量、比例适当、位置适宜地配备或投入生产要素，以满足施工需要。

（2）进行生产要素的优化组合，即投入施工项目的各种生产要素在施工过程中搭配适当，协调地在项目中发挥作用，有效地形成生产力，适时、合格地生产出理想产品（工程）。

（3）在施工项目运转过程中，对生产要素进行动态管理。项目的实施过程是一个不断变化的过程，对生产要素的需求在不断变化，平衡是相对的，不平衡是绝对的。因此生产要素的配置和组合也就需要不断调整，这就需要动态管理。动态管理的目的和前提是优化配置与组合，动态管理是优化配置和组合的手段与保证。动态管理的基本内容就是按照项目的内在规律，有效地计划、组织、协调、控制各生产要素，使之在项目中合理流动，在动态中寻求平衡。

（4）在施工项目运行中，合理地、节约地使用资源，以取得节约资源（资金、材料、设备、劳动力）的目的。

二、施工项目生产要素管理的主要环节

（1）编制生产要素计划。编制生产要素计划的目的，是对资源投入量、投入时间、投入步骤做出合理安排，以满足施工项目实施的需要。计划是优化配置和组合的手段。

（2）生产要素的供应。是按编制的计划，从资源的来源，到投入到施工项目进行实施，使计划得以实现，施工项目的需要得以保证。

（3）节约使用资源。即根据每种资源的特性，设计出科学的措施，进行动态配置和组合，协调投入，合理使用，不断纠正偏差，以可能少的资源，满足项目的使用，达到节约的目的。

（4）进行生产要素投入、使用与产出的核算，实现节约使用的目的。

（5）进行生产要素使用效果的分析。一方面是对管理效果的总结，找出经验和问题，评价管理活动；另一方面又为管理提供储备和反馈信息，以指导以后（或下一循环）的管理工作。

三、施工项目生产要素管理的特点

（一）劳动力

随着国家和建筑业用工制度的改革，建筑业企业逐步形成了多种形式的用工制度，包括固定工、合同工和临时工，而且已经形成了弹性结构。在施工任务增大时，可以多用合同工或农村建筑队。任务减少时，可以少用合同工或农村建筑队，以避免窝工。由于可以从农村招用年轻力壮的劳动力，劳动力招工难和不稳定的问题基本得到了解决，也改变了队伍结构，提高了施工项目的用工质量，促进了劳动生产率的提高。我国建筑劳动生产率长期徘徊的状况得到了改善。农民工到企业中来，既不增加企业的负担，又不增加城市和社会的负担，因而大大节省了福利费用，减轻了国家和企业的负担，适应了建筑施工和施工项目用工弹性和流动性的要求。建筑业用工的变化，也为农村富余劳动力转移和贫困地区脱贫致富提供了机会。现在国家规定在建筑业企业中设置劳务分包企业序列，分专业设立13类劳务分包企业，并进行分级，确定了等级和作业分包范围，要求大部分技术工人持证上岗率100%，这就给施工总承包企业和专业承包企业的作业人员有了可靠的来源保证。按合同由劳务分包公司提供作业人员，主要依靠劳务分包公司进行劳动力管理，项目经理部协助管理，这必将大大提高劳动力管理的水平和管理效果。

施工项目中的劳动力，关键在使用，使用的关键在提高效率，提高效率的关键是如何调动职工的积极性，调动积极性的最好办法是加强思想政治工作和利用行为科学，从劳动力个人的需要和行为的关系观点出发，进行恰当的激励。以上也是施工项目劳动管理的正确思路。

（二）材料

建筑材料按在生产中的作用可分为主要材料、辅助材料和其他材料。其中主要材料指在施工中被直接加工，构成工程实体的各种材料，如钢材、水泥、木材、砂、石等。辅助材料指在施工中有助于产品的形成，但不构成实体的材料，如促凝剂、脱模剂、润滑物等。其他材料指不构成工程实体，但又是施工中必须的材料，如燃料、油料、砂纸、棉纱等。另外，周转材料（如脚手架材、模板材等）、工具、预制构配件、机械零配件等，都因在施工中有独特作用而自成一类，其管理方式与材料基本相同。

建筑材料还可以按其自然属性分类，包括：金属材料、硅酸盐材料、电器材料、化工材料、金属材料等。它们的保管、运输各有不同要求，需分别对待。

施工项目材料管理的重点在现场，在使用，在节约和核算。就节约来讲，其潜力是最大的。

（三）机械设备

施工项目的机械设备，主要是指作为大型工具使用的大、中、小型机械，既是固定资产，又是劳动手段。施工项目机械设备管理的环节，包括选择、使用、保养、维修、改造、更新。其关键在使用，使用的关键是提高机械效率，提高机械效率必须提高利用率和完好率。我们应该通过机械设备管理，寻找提高利用率和完好率的措施。利用率的提高靠人，完好率的提高在于保养与维修。

（四）技术

技术的含义很广，指操作技能、劳动手段、劳动者素质、生产工艺、试验检验、管理程序和方法等。任何物质生产活动都是建立在一定的技术基础上的，也是在一定技术要求和技术标准的控制下进行的。随着生产力的发展，技术水平也在不断提高，技术在生产中的地位和作用也就越来越重要。对施工项目来说，由于其单件性、露天性、宽大而复杂性等特点，就决定了技术的作用更显重要。施工项目技术管理，是对各项技术工作要素和技术活动过程的管理。技术工作要素包括技术人才、技术装备、技术规程、技术资料等；技术活动过程指技术计划、技术运用、技术评价等。技术作用的发挥，除决定于技术本身的水平外，极大程度上还依赖于技术管理水平。没有完善的技术管理，先进的技术是难以发挥作用的。施工项目技术管理的任务有四项：一是正确贯彻国家和行政主管部门的技术政策，贯彻上级对技术工作的指示与决定；二是研究、认识和利用技术规律，科学地组织各项技术工作，充分发挥技术的作用；三是确立正常的生产技术秩序，进行文明施工，以技术保工程质量；四是努力提高技术工作的经济效果，使技术与经济有机地结合。

（五）资金

施工项目的资金，从流动过程来讲，首先是投入，即筹集到的资金投入到施工项目上；其次是使用，也就是支出。资金管理，也就是财务管理，它主要有以下环节：编制资金计划，筹集资金，投入资金（施工项目经理部收入），资金使用（支出），资金核算与分析。施工项目资金管理的重点是收入与支出问题，收支之差涉及核算、筹资、贷款、利息、利润、税收等问题。

第三节　施工项目人力资源管理

本节阐述人力资源管理中的劳动力管理。

一、劳动力的优化配置

劳动力优化配置的目的是保证生产计划或施工项目进度计划的实现，使人力资源得到充分利用，降低工程成本。与此相关的问题是：劳动力配置的依据与数量，劳动力的配置方法和来源。

（一）劳动力配置的依据

（1）就企业来讲，劳动力配置的依据是劳动力需要量计划。企业的劳动力需要量计划是根据企业的生产任务与劳动生产率水平计算的。

（2）就施工项目而言，劳动力的配置依据是施工进度计划。

（二）劳动力的配置方法

一个施工企业，当已知劳动力需要数量以后，应根据承包到的施工项目，按其施工进度计划和工种需要数量进行配置。因此，劳动管理部门必须审核施工项目的施工进度计划和其劳动力需要计划。每个施工项目劳动力分配的总量，应按企业的建筑安装工人劳动生产率进行控制。

（1）应在劳动力需用量计划的基础上再具体化，防止漏配。必要时根据实际情况对劳动力计划进行调整。

（2）如果现有的劳动力能满足要求，配置时尚应贯彻节约原则。如果现有劳动力不能满足要求，项目经理部应向企业申请加配，或在企业经理授权范围内进行招募，也可以把任务分包出去。如果在专业技术或其他素质上现有人员或新招收人员不能满足要求，应提前进行培训，再上岗作业。培训任务主要由企业劳务部门承担，项目经理部只能进行辅助培训，即临时性的操作训练或试验性操作练兵，进行劳动纪律、工艺纪律及安全作业教育等。

（3）配置劳动力时应积极可靠，让工人有超额完成的可能，以获得奖励，进而激发出工人的劳动热情。

（4）尽量使作业层正在使用的劳动力和劳动组织保持稳定，防止频繁调动。当在用劳动组织不适应任务要求时，应进行劳动组织调整，并应敢于打乱原建制进行优化组合。

（5）为保证作业需要，工种组合、技术工人与壮工比例必须适当、配套。

（6）尽量使劳动力均衡配置，以便于管理，使劳动资源强度适当，达到节约的目的。

（三）施工项目劳动力来源

企业进行两层分离以后，除保留一些与本企业专业密切相关的高级技术工种工人以外，所有的劳动力都来自社会劳动力市场，由企业自劳务市场中招募，劳务分包企业承包劳动作业任务，然后按计划供应给项目经理部。

二、劳务分包企业

根据建设部 2001 年 4 月 18 日发布的第 87 号令，建筑业企业的资质分为施工总承包、专业承包和劳务分包三个序列，其劳务分包企业就是施工项目的劳动力来源。87 号令的第 5 条最后一款规定，获得劳务分包资质的企业，可以承接施工总承包企业或者专业承包企业分包的劳务作业。

劳务分包企业共有 13 类，包括：木工、砌筑、抹灰、石制作、油漆、钢筋、混凝土、脚手架、模板、焊接、水暖电安装、钣金、架线等作业分包企业。

每类作业分包企业按规定分级或不分级。例如，木工作业分包企业分为一、二级。一级企业的资质标准是：注册资本金 30 万元以上；具有相关专业技术员或本专业高级工以上的技术负责人；具有初级以上木工不少于 20 人，其中，中、高级工不少于 50%，企业作业人员持证上岗率 100%；企业近 3 年最高年完成分包合同额 100 万元以上；企业具有与作业分包范围相适应的机具。一级企业可以承担各类工程的木工作业分包业务，但单项业务合同额不超过企业注册资本金的 5 倍。

二级企业的资质标准是：注册资本金 10 万元以上；具有本专业高级工以上的技术负责人；具有初级以上木工不少于 10 人，其中，中、高级工不少于 50%，企业作业人员持证上岗率 100%；企业近 3 年承担过 2 项以上木工作业分包，工程质量合格；企业具有与作业分包范围相适应的机具。二级企业可承担各类工程的木工作业分包业务，但单项业务合同额不超过企业注册资本的 5 倍。

三、劳动力的动态管理

劳动力的动态管理指的是根据生产任务和施工条件的变化对劳动力进行跟踪平衡、协调,以解决劳务失衡、劳务与生产要求脱节的动态过程。其目的是实现劳动力动态的优化组合。

（一）企业劳动管理部门对劳动力的动态管理起主导作用

由于企业劳动管理部门对劳动力进行集中管理，故它在动态管理中起着主导作用。它应做好以下几方面的工作：

（1）根据施工任务的需要和变化，从社会劳务市场中按合同招募和遣返（辞退）劳动力。

（2）根据项目经理部所提出的劳动力需要量计划与《项目管理目标责任书》向招募的劳务人员下达任务，派遣队伍。

（3）对劳动力进行企业范围内的平衡、调度和统一管理。施工项目中的任务完成后收回作业人员，重新进行平衡、派遣。

（二）项目经理部是项目施工范围内劳动力动态管理的直接责任者

项目经理部劳动力动态管理的责任是：

（1）按计划要求向企业劳务管理部门申请派遣劳务人员。

（2）按计划在项目中分配劳务人员，并下达施工任务书。

（3）在施工中不断进行劳动力平衡、调整，解决施工要求与劳动力数量、工种、技术能力、相互配合中存在的矛盾。在此过程中与企业劳务部门保持信息沟通、人员使用和管理的协调。

（4）按合同支付劳务报酬，任务完成后，劳务人员遣归企业。

（三）劳动力动态管理的原则

（1）动态管理以进度计划与劳务合同为依据。

（2）动态管理应始终以劳动力市场为依托，允许劳动力在市场内作充分的合理流动。

（3）动态管理应以动态平衡和日常调度为手段。

（4）动态管理应以达到劳动力优化组合和作业人员的积极性充分调动为目的。

第四节　施工项目材料管理和机械设备管理

一、施工项目的材料供应

施工项目材料管理的目的是贯彻节约原则，节约材料费用，降低工程成本。由于材料费在流动资金占用中和工程成本中所占的比重最大，故加强材料管理是提高施工企业经济效益的最主要途径。

材料供应是材料管理的首要环节，与材料供应市场关系极大。问题的焦点集中在项目施工应建立怎样的材料供应体制上。

（一）材料供应权应主要集中在法人层次上

企业应建立统一的供料机构，对工程所需的主要材料、大宗材料实行统一计划、统一采购、统一供应、统一调度，承担"一个漏斗，两个对接"的功能，即一个企业绝大部分材料主要通过企业层次的材料机构进入企业，形成"漏斗"；企业的材料机构既要与社会建材市场"对接"，又要与本企业的项目管理层"对接"。这种做法可以克服企业多渠道供料、多层次采购的低效状态；可以把材料管理工作贯穿于施工项目管理的全过程，即投标报价、落实施工方案、组织项目班子、编制供料计划、组织项目材料核算、实施奖惩的全过程；有利于建立统一的企业材料管理体系，进行材料供应的动态配置和平衡协调；有利于服务于各项目的材料需求。使企业法人的材料供应地位既不能被社会材料市场所代替，又不能被众多的项目管理班子所肢解。

（二）项目经理部有部分的材料采购供应权

为满足施工项目材料特殊需要，调动项目管理层的积极性，企业应给项目经理一定的材料采购权，负责采购供应特殊材料和零星材料，做到两层互补，不留缺口。对企业材料部门的采购，项目管理层也应有建议权。这样，施工项目经理部材料管理的主要任务便集中于提出需用量计划，控制材料使用，加强现场管理，设计材料节约措施，完工后组织材料结算与回收等。

二、施工项目现场材料管理

凡项目所需的各类材料，自进入施工现场至施工结束清理现场为止的全过程所进行的材料管理，均属施工现场材料管理的范围。

（一）现场材料管理责任

施工项目经理是现场材料管理全面领导责任者；施工项目经理部主管材料人员是施工现场材料管理直接责任人；班组料具员在主管材料员业务指导下，协助班组长组织和监督本班组合理领、用、退料。现场材料人员应建立材料管理岗位责任制。

（二）现场材料管理的内容

（1）材料计划管理。项目开工前，项目经理部向企业材料部门提出一次性计划，作为供应备料依据；在施工中，根据工程变更及调整的施工预算，及时间企业材料部门提出调整供料月计划，作为动态供料的依据；根据施工图纸、施工进度，在加工周期允许时间内提出加工制品计划，作为供应部门组织加工和向现场送货的依据；根据施工平面图对现场设施的设计，按使用期提出施工设施用料计划，报供应部门作为送料的依据；按月对材料计划的执行情况进行检查，不断改进材料供应。

（2）材料进场验收。为了把住质量和数量关，在材料进场时必须根据进料计划、送料凭证、质量保证书或产品合格证，进行材料的数量和质量验收；验收工作按质量验收规范和计量检测规定进行；验收内容包括品种、规格、型号、质量、数量、证件等；验收要做好记录、办理验收手续；对不符合计划要求或质量不合格的材料应拒绝验收。

（3）材料的储存与保管。进库的材料应验收入库，建立台账；现场的材料必须防火、防盗、防雨、防变质、防损坏；施工现场材料的放置要按平面布置图实施，做到位置正确、保管处置得当、合乎堆放保管制度；要日清、月结、定期盘点、账实相符。

（4）材料领发。凡有定额的工程用料，凭限额领料单领发材料；施工设施用料也实行定额发料制度，以设施用料计划进行总控制；超限额的用料，用料前应办理手续，填制限额领料单，注明超耗原因，经签发批准后实施；建立领发料台账，记录领发状况和节超状况。

（5）材料使用监督。现场材料管理责任者应对现场材料的使用进行分工监督。监督的内容包括：是否按材料做法合理用料，是否严格执行配合比，是否认真执行领发料手续，是否做到谁用谁清、随清随用、工完料退场地清，是否按规定进行用料交底和工序交接，是否做到按平面图堆料，是否按要求保护材料等。检查是监督的手段，检查要做到情况有记录、原因有分析、责任有明确、处理有结果。

（6）材料回收。班组余料必须回收，及时办理退料手续，并在限额领料单中登记扣除。余料要造表上报，按供应部门的安排办理调拨和退料。设施用料、包装物及容器，在使用周期结束后组织回收。建立回收台账，处理好经济关系。

（7）周转材料的现场管理。按工程量、施工方案编报需用计划。各种周转材料均应按规格分别码放，阳面朝上，垛位见方；露天存放的周转材料应夯实场地，垫高 30cm，有排水措施，按规定限制高度，垛间留有通道；零配件要装入容器保管，按合同发放；按退库验收标准回收，做好记录；建立维修制度；按周转材料报废规定进行报废处理。

（三）大力探索节约材料的新途径

材料量的节约途径非常之多。哪些途径最有效？这就必须运用科学的管理成果进行探索。以下方法应大力研究应用：

（1）用 A、B、C 分类法，找出材料管理的重点。A 类材料是管理的重点，最具节约潜力。

（2）学习存储理论，用以指导节约库存费用。由于长期以来，材料供应始终处在卖方市场状态下，采购人员往往不注意存储问题，使得材料使用与材料采购脱节，材料存储与资金管理脱节，按计划供应和实际供应脱节，供应量与使用时间脱节等。研究和应用存储理论对于科学采购、节约仓库面积、加速资金周转等都具有重要意义。研究存储理论的重点是如何确定经济存储量、经济采购批量、安全存储量、订购点等，这实际上就是存储优化问题。

（3）不但要研究材料节约的技术措施，更重要的是研究材料节约的组织措施。组织措施比技术措施见效快、效果大。因此要特别重视施工规划（施工组织设计）对材料节约技术组织措施的设计，特别重视月度技术组织措施计划的编制和贯彻。

（4）重视价值分析理论在材料管理中的应用。价值分析的目的是以尽可能少的费用支出，可靠地实现必要的功能。由于材料成本降低的潜力最大，故有必要认真研究价值分析理论在材料管理中的应用。因为价值分析的基本公式是价值＝功能/成本，为了既提高价值又降低成本，可以有三个途径：第一是功能不变，成本降低，如使用岩棉板代替聚苯板保温，就属此类情况；第二是在功能不受很大影响前提下，大大降低成本，如使用滑动模板以节省模板料和模板费即属此类情况；第三是既降低成本，又提高功能，如使用大模板做到以钢代木、代架、代操作平台即属此类。

（5）正确选择降低成本的对象。价值分析的对象，应是价值低的、降低成本潜力大的对象。这也是降低材料成本应选择的对象，应着力"攻关"。

（6）改进设计、研究材料代用。按价值分析理论，提高价值的最有效途径是改进设计和使用代用材料，它比之改进工艺的效果要大得多。因此应大力进行科学研究，开发新技术，以改进设计，寻找代用材料，使材料成本大幅度降低。

三、对施工项目机械设备管理的要求

（一）施工项目机械设备的供应

施工项目机械设备的供应有四种渠道：

第一，企业自有机械设备；

第二，从市场上租赁设备；

第三，企业为施工项目专购机械设备；

第四，分包机械施工任务。

（二）机械设备的管理权限

企业机械设备管理部门统一管理项目经理部使用的机械设备。项目经理部应编制机械设备使用计划报企业审批。远离公司本部的项目经理部（事业部式的或工作队式的）可由企业法定代表人授权，项目经理部就地解决机械设备来源。项目经理部负责对进入现场的机械设备（机械施工分包人的机械设备除外）做好使用中的维护和管理。

（三）施工项目机械设备的合理使用与维修

1．机械设备的合理使用

（1）人机固定，实行机械使用、保养责任制，将机械设备的使用效益与个人经济利益联系起来。

（2）实行操作证制度。专机的专门操作人员必须经过培训和统一考试，确认合格，发给驾驶证。这是保证机械设备得到合理使用的必要条件。

（3）操作人员必须坚持搞好机械设备的例行保养。

（4）遵守走合期使用规定。这样，可以防止机件早期磨损，延长机械使用寿命和修理周期。

（5）实行单机或机组核算，根据考核的成绩实行奖惩，这也是一项提高机械设备管理水平的重要措施。

（6）建立设备档案制度。这样就能了解设备的情况，便于使用与维修。

（7）合理组织机械设备施工。必须加强维修管理，提高机械设备的完好率和单机效率，并合理地组织机械的调配，搞好施工的计划工作。

（8）培养机务队伍。应采取办训练班、进行岗位练兵等形式，有计划、有步骤地做好培养和提高工作。

（9）搞好机械设备的综合利用。机械设备的综合利用是指现场安装的施工机械尽量做到一机多用。尤其是垂直运输机械，必须综合利用，使其效率充分发挥。它负责垂直运输各种构件材料，同时作回转范围内的水平运输、装卸车等。因此要按小时安排好机械的工作，充分利用时间，大力提高其利用率。

（10）要努力组织好机械设备的流水施工。当施工的推进主要靠机械而不是人力的时候，划分施工段的大小必须考虑机械的服务能力，把机段作为分段的决定因素。要使机械连续作业，不停歇，必要时"歇人不歇马"，使机械三班作业。一个施工项目有多个单位工程时，应使机械在单位工程之间流水，减少进出场时间和装卸费用。

（11）机械设备安全作业。项目经理部在机械作业前应向操作人员进行安全操作交底，使操作人员对施工要求、场地环境、气候等安全生产要素有清楚的了解。项目经理部按机械设备的安全操作要求安排工作和进行指挥，不得要求操作人员违章作业，也不得强令机械带病操作，更不得指挥和允许操作人员野蛮施工。

（12）为机械设备的施工创造良好条件。现场环境、施工平面图布置应适合机械作业要求，交通道路畅通无障碍，夜间施工安排好照明。协助机械部门落实现场机械标准化。

2．机械设备的保养与维修

（1）机械设备的磨损

机械设备的磨损可分为三个阶段：

第一阶段：磨合磨损。是初期磨损，包括制造或大修理中的磨合磨损和使用初期的走合磨损，这段时间较短。此时，只要执行适当的走合期使用规定就可降低初期磨损，延长机械使用寿命。

第二阶段：正常工作磨损。这一阶段零件经过走合磨损，光洁度提高了，磨损较少，在较长时间内基本处于稳定的均匀磨损状态。这个阶段后期，条件逐渐变坏，磨损就逐渐加快，进入第三阶段。

第三阶段：事故性磨损。此时，由于零件配合的间隙扩展而负荷加大，磨损激增，可能很快磨损。如果磨损程度超过了极限不及时修理，就会引起事故性损坏，造成修理困难和经济损失。

（2）机械设备的保养

机械设备保养目的是为了保持机械设备的良好技术状态，提高设备运转的可靠性和安全性，减少零件的磨损，延长使用寿命，降低消耗，提高机械施工的经济效益。保养分为例行保养和强制保养。例行保养属于正常使用管理工作，它不占用机械设备的运转时间，由操作人员在机械运转间隙进行。其主要内容是：保持机械的清洁，检查运转情况，防止机械腐蚀，按技术要求润滑等等。强制保养是隔一定周期，需要占用机械设备的运转时间而停工进行的保养。强制保养是按照一定周期和内容分级进行的。保养周期根据各类机械设备的磨损规律、作业条件、操作维护水平及经济性四个主要因素确定。

（3）机械设备的修理

机械设备的修理，是对机械设备的自然损耗进行修复，排除机械运行的故障，对损坏的零部件进行更换、修复。对机械设备的预检和修理，可以保证机械的使用效率，延长使用寿命。

机械设备的修理可分为大修、中修和零星小修。

大修是对机械设备进行全面的解体检查修理，保证各零部件质量和配合要求，使其达到良好的技术状态，恢复可靠性和精度等工作性能以延长机械的使用寿命。

中修是大修间隔期间对少数总成进行大修的一次性平衡修理，对其他不进行大修的总成只执行检查保养。中修的目的是对不能继续使用的部分总成进行大修，使用整机状况达到平衡，以延长机械设备的大修间隔。

零星小修一般是临时安排的修理，其目的是消除操作人员无力排除的突然故障、个别零件损坏，或一般事故性损坏等问题，一般都是和保养相结合，不列入修理计划之中。而大修、中修需要列入修理计划，并按计划预检修制度执行。大修和中修由企业进行管理，小修与保养由项目经理部负责管理。

第五节 施工项目资金管理

施工项目资金管理的主要环节有：资金收入预测、资金支出预测、资金收支对比、资金筹措、资金使用管理。

一、施工项目资金收入与支出的预测及对比

（一）资金收入预测

项目资金是按合同价款收取的，在实施施工项目合同的过程中，应从收取工程预付款（预付款在施工后以冲抵工程价款方式逐步扣还给建设单位）开始，每月按进度收取工程进度款，到最终竣工结算，按时间测算出价款数额，做出项目收入预测表，绘出项目资金按月收入图及项目资金按月累加收入图。

资金收入测算工作应注意以下几个问题：

（1）由于资金预测工作是一项综合性工作，因此，要在项目经理主持下，由职能人员参加，共同分工负责完成。

（2）加强施工管理，确保按合同工期要求完成，以免延误工期罚款造成经济损失。

（3）严格按合同规定的结算办法测算每月实际应收的工程进度款数额，同时要注意收款滞后时间因素，即按当月完成的工程量计算应收取的工程进度款不一定能按时收取，但应力争缩短滞后时间。

按上述原则测算的收入，形成了资金的收入在时间上、数量上的总体概念，为项目筹措资金、加快资金周转、合理安排资金使用提供科学依据。

（二）资金支出预测

1.项目资金支出预测的依据

（1）成本费用控制计划；

（2）施工组织设计；

（3）材料、物资储备计划。

根据以上依据，测算出随着工程的实施，每月预计的人工费、材料费、施工机械使用费、物资储运费、临时设施费、其他直接费和施工管理费等各项支出，使整个项目的支出在时间上和数量上有一个总体概念，以满足资金管理上的需要。

图 5-1　项目费用支出预测程序图

2.项目资金支出预测程序（如图 5-1 所示）

3.项目资金支出预测应注意的问题

（1）从实际出发，使资金支出预测更符合实际情况。资金支出预测，在投标报价中就已开始做了，但不够具体。因此，要根据项目实际情况，将原报价中估计的不确定因素加以调整，使之符合实际。

（2）必须重视资金的支出时间价值。资金支出的测算是从筹措资金和合理安排调度资金角度考虑的，一定要反映出资金支出的时间价值，以及合同实施过程中不同阶段的资金需要。

（三）资金收入与支出对比

图 5-2 将施工项目资金收入预测累计结果和支出预测累计结果绘制在一个坐标图上。图中曲线 A 是施工计划曲线，曲线 B 是资金预计支出曲线，曲线 C 是预计资金收入曲线。B、C 曲线之间的距离是相应时间收入与支出资金数之差，也即应筹措的资金数量。图中 a、b 间的距离是本施工项目应筹措资金的最

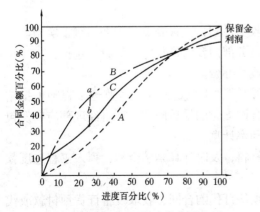

图 5-2　施工项目资金收支对比图

大值。

二、施工项目资金的筹措

（一）建设项目的资金来源

（1）财政资金。包括财政无偿拨款和拨改贷资金。

（2）银行信贷资金。包括基本建设贷款、技术改造贷款、流动资金贷款和其他贷款等。

（3）发行国家投资债券、建设债券、专项建设债券以及地方债券等。

（4）在资金暂时不足的情况下，还可以采用租赁的方式解决。

（5）企业自有资金和对外筹措资金（发行股票及企业债券，向产品用户集资）。

（6）利用外资。包括利用外国直接投资，进行合资、合作建设以及利用外国贷款。

（二）施工过程所需要的资金来源

施工过程所需要的资金来源，一般是在承发包合同条件中规定了的，由发包方提供工程备料款和分期结算工程款提供。为了保证生产过程的正常进行，施工企业也可垫支部分自有资金，但在占用时间和数量方面必须严加控制，以免影响整个企业生产经营活动的正常进行。因此，施工项目资金来源的渠道是：

（1）预收工程备料款。

（2）已完施工价款结算。

（3）银行贷款。

（4）企业自有资金。

（5）其他项目资金的调剂占用。

（三）筹措资金的原则

（1）充分利用自有资金。其好处是：调度灵活，不需支付利息，比贷款的保证性强。

（2）必须在经过收支对比后，按差额筹措资金，避免造成浪费。

（3）把利息的高低作为选择资金来源的主要标准，尽量利用低利率贷款。用自有资金时也应考虑其时间价值。

三、施工项目资金管理要点

（1）施工项目资金管理应以保证收入、节约支出、防范风险和提高经济效益为目的。

（2）承包人应在财务部门设立项目专用账号进行项目资金收支预测，统一对外收支与结算。项目经理部负责项目资金的使用管理。

（3）项目经理部应编制年、季、月度资金收支计划，上报企业主管部门审批实施。

（4）项目经理部应按企业授权，配合企业财务部门及时进行资金计收。包括：

①新开工项目按工程施工合同收取预付款或开办费。

②根据月度统计报表编制"工程进度款结算单"，于规定日期报送监理工程师审批结算。如发包人不能按期支付工程进度款且超过合同支付的最后限期，项目经理部应向发包人出具付款违约通知书，并按银行的同期贷款利率计息。

③根据工程变更记录和证明发包人违约的材料，及时计算索赔金额，列入工程进度款结算单。

④发包人委托代购的工程设备或材料，必须签订代购合同，收取设备订货预付款或代购款。

⑤工程材料价差应按规定计算，及时请发包人确认，与进度款一起收取。

⑥工期奖、质量奖、措施奖、不可预见费及索赔款，应根据施工合同规定，与工程进度款同时收取。

⑦工程尾款应根据发包人认可的工程结算金额及时回收。

（5）项目经理部按公司下达的用款计划控制资金使用，以收定支，节约开支。应按会计制度规定设立财务台账记录资金支出情况，加强财务核算，及时盘点盈亏。

（6）项目经理部应坚持做好项目的资金分析，进行计划收支与实际收支对比，找出差异，分析原因，改进资金管理。项目竣工后，结合成本核算与分析进行资金收支情况和经济效益总分析，上报企业财务主管部门备案。企业应根据项目的资金管理效果对项目经理部进行奖惩。

（7）项目经理部应定期召开有发包人、分包、供应、加工各单位的代表碰头会，协调工程进度、配合关系、甲方供料及资金收付等事宜。

第六节　施工项目技术管理

一、施工项目技术管理的内容

（1）技术基础工作的管理，包括：实行技术责任制，执行技术标准与技术规程，制定技术管理制度，开展科学试验，交流技术情报，管理技术文件等。

（2）施工过程中技术工作的管理，包括：施工工艺管理，技术试验，技术核定，技术检查等。

（3）技术开发管理，包括：技术培训，技术革新，技术改造，合理化建议等。

（4）技术经济分析与评价。

二、施工项目的主要技术管理制度

1. 图纸学习和会审制度

制定、执行图纸会审制度的目的是领会设计意图，明确技术要求，发现设计文件中的差错与问题，提出修改与洽商意见，避免技术事故或产生经济与质量问题。

2. 施工组织设计管理制度

按企业的施工组织设计管理制度制定施工项目的实施细则，着重于单位工程施工组织设计及分部分项工程施工方案的编制与实施。

3. 技术交底制度

施工项目技术系统一方面要接受企业技术负责人的技术交底，又要在项目内进行层层交底，故要编制制度，以保证技术责任制落实，技术管理体系正常运转，技术工作按标准和要求运行。

4. 施工项目材料、设备检验制度

材料、设备检验制度的宗旨是保证项目所用的材料、构件、零配件和设备的质量，进而保证工程质量。

5. 工程质量检查及验收制度

制定工程质量检查验收制度的目的是加强工程施工质量的控制，避免质量差错造成永久隐患，并为质量等级评定提供数据和情况，为工程积累技术资料和档案。工程质量检查验收制度包括工程预检制度、工程隐检制度、工程分阶段验收制度、单位工程竣工检查验收制度、分项工程交接检查验收制度等。

6. 技术组织措施计划制度

制定技术组织措施计划制度的目的是为了克服施工中的薄弱环节，挖掘生产潜力，加强其计划性、预测性，从而保证完成施工任务，获得良好技术经济效果和提高技术水平。

7. 工程施工技术资料管理制度

工程施工技术资料是施工单位根据有关管理规定，在施工过程中形成的应当归档保存的各种图纸、表格、文字、音像材料等技术文件材料的总称，是工程施工及竣工交付使用的必备条件，也是对工程进行检查、维护、管理、使用、改建和扩建的依据。制订该制度的目的是为了加强对工程施工技术资料的统一管理，提高工程质量的管理水平。它必须贯彻国家和地区有关技术标准、技术规程和技术规定，以及企业的有关技术管理制度。

8. 其他技术管理制度

除以上几项主要的技术管理制度以外，施工项目经理部还必须根据需要，制定其他技术管理制度，保证有关技术工作正常运行，例如土建与水电专业施工协作技术规定、工程测量管理办法、技术革新和合理化建议管理办法、计量管理办法、环境保护工作办法、工程质量奖罚办法、技术发明奖励办法等等。

三、施工项目的主要技术管理工作

根据技术标准、技术规程、建筑企业的技术管理制度、施工项目经理部制订的技术管理制度，施工项目组织应做好以下技术管理工作。

（一）设计文件的学习和图纸会审

图纸会审是施工单位熟悉、审查设计图纸，了解工程特点、设计意图和关键部位的工程质量要求，帮助设计单位减少差错的重要手段。它是项目组织在学习和审查图纸的基础上，进行质量控制的一种重要而有效的方法。会审图纸有三方代表，即建设单位或其委托的监理单位、设计单位和施工单位。可由监理单位（或建设单位）主持，先由设计单位介绍设计意图和图纸、设计特点、对施工的要求。然后，由施工单位提出图纸中存在的问题和对设计单位的要求，通过三方讨论与协商，解决存在的问题，写出会议纪要，交给设计人员，设计人员将纪要中提出的问题通过书面的形式进行解释或提交设计变更通知书。图纸审查的内容包括：

（1）是否是无证设计或越级设计，图纸是否经设计单位正式签署。

（2）地质勘探资料是否齐全。如果没有工程地质资料或无其他地基资料，应与设计单位商讨。

（3）设计图纸与说明是否齐全，有无分期供图的时间表。

（4）设计地震烈度是否符合当地要求。

（5）几个单位共同设计的，相互之间有无矛盾；专业之间平、立、剖面图之间是否有矛盾；标高是否有遗漏。

（6）总平面与施工图的几何尺寸、平面位置、标高等是否一致。

（7）防火要求是否满足。

（8）建筑结构与各专业图纸本身是否有差错及矛盾；结构图与建筑图的平面尺寸及标高是否一致；建筑图与结构图的表示方法是否清楚，是否符合制图标准；预埋件是否表示清楚；是否有钢筋明细表，如无，则钢筋混凝土中钢筋构造要求在图中是否说明清楚，如钢筋锚固长度与抗震要求是否相符等。

（9）施工图中所列各种标准图册施工单位是否具备，如无，如何取得。

（10）建筑材料来源是否有保证。图中所要求条件，企业的条件和能力是否有保证。

（11）地基处理方法是否合理。建筑与结构构造是否存在不能施工、不便于施工，容易导致质量、安全或经费等方面的问题。

（12）工艺管道、电气线路、运输道路与建筑物之间有无矛盾，管线之间的关系是否合理。

（13）施工安全是否有保证。

（14）图纸是否符合监理规划中提出的设计目标描述。

（二）施工项目技术交底

技术交底的目的是使参与施工的人员熟悉和了解所担负的工程的特点、设计意图、技术要求、施工工艺和应注意的问题。应建立技术交底责任制，并加强施工质量检验、监督和管理，从而提高质量。

1. 技术交底的要求

技术交底是一项技术性很强的工作，对保证质量至关重要，不但要领会设计意图，还要贯彻上一级技术领导的意图和要求。技术交底必须满足施工规范、规程、工艺标准、质量检验评定标准和建设单位的合理要求。所有的技术交底资料，都是施工中的技术资料，要列入工程技术档案。技术交底必须以书面形式进行，经过检查与审核，有签发人、审核人、接受人的签字。整个工程施工、各分部分项工程，均须作技术交底。特殊和隐蔽工程，更应认真作技术交底。在交底时应着重强调易发生质量事故与工伤事故的工程部位，防止各种事故的发生。

2. 设计交底

由设计单位的设计人员向施工单位交底，内容包括：

（1）设计文件依据：上级批文、规划准备条件、人防要求、建设单位的具体要求及合同；

（2）建设项目所处规划位置、地形、地貌、气象、水文地质、工程地质、地震烈度；

（3）施工图设计依据：包括初步设计文件，市政部门要求，规划部门要求，公用部门要求，其他有关部门（如绿化、环卫、环保等）的要求，主要设计规范，甲方供应及市场上供应的建筑材料情况等；

（4）设计意图：包括设计思想，设计方案比较情况，建筑、结构和水、暖、电、通、煤气等的设计意图；

（5）施工时应注意事项：包括建筑材料方面的特殊要求、建筑装饰施工要求、广播音响与声学要求、基础施工要求、主体结构设计采用新结构、新工艺对施工提出的要求。

3. 施工单位技术负责人向下级技术负责人交底的内容

（1）工程概况一般性交底；

（2）工程特点及设计意图；

（3）施工方案；

（4）施工准备要求；

（5）施工注意事项，包括地基处理、主体施工、装饰工程的注意事项及工期、质量、安全等。

4．施工项目技术负责人对工长、班组长进行技术交底

应按工程分部、分项进行交底，内容包括：设计图纸具体要求；施工方案实施的具体技术措施及施工方法；土建与其他专业交叉作业的协作关系及注意事项；各工种之间协作与工序交接质量检查；设计要求；规范、规程、工艺标准；施工质量标准及检验方法；隐蔽工程记录、验收时间及标准；成品保护项目、办法与制度；施工安全技术措施。

5．工长向班组长交底

主要利用下达施工任务书的时候进行分项工程操作交底。

（三）隐蔽工程检查与验收

隐蔽工程是指完工后将被下一道工序所掩盖的工程。隐蔽工程项目在隐蔽前应进行严密检查，做出记录，签署意见，办理验收手续，不得后补。有问题需复验的，须办理复验手续，并由复验人做出结论，填写复验日期。建筑工程隐蔽工程验收项目如下：

（1）地基验槽。包括土质情况、标高、地基处理。

（2）基础、主体结构各部位的钢筋均须办理隐检。内容包括：钢筋的品种、规格、数量、位置、锚固或接头位置长度及除锈、代用变更情况，板缝及楼板胡子筋处理情况，保护层情况等。

（3）现场结构焊接。钢筋焊接包括焊接型式及焊接种类；焊条、焊剂牌号（型号）；焊口规格；焊缝长度、厚度及外观清渣等；外墙板的键槽钢筋焊接；大楼板的连接筋焊接；阳台尾筋焊接。

钢结构焊接包括：母材及焊条品种、规格；焊条烘焙记录；焊接工艺要求和必要的试验；焊缝质量检查等级要求；焊缝不合格率统计、分析及保证质量措施、返修措施、返修复查记录等。

（4）高强螺栓施工检验记录。

（5）屋面、厕浴间防水层下的各层细部做法，地下室施工缝、变形缝、止水带、过墙管做法等，外墙板空腔立缝、平缝、十字缝接头、阳台雨罩接头等。

（四）施工的预检

预检是该工程项目或分项工程在未施工前所进行的预先检查。预检是保证工程质量、防止可能发生差错造成质量事故的重要措施。除施工单位自身进行预检外，监理单位应对预检工作进行监督并予以审核认证。预检时要做出记录。建筑工程的预检项目如下：

（1）建筑物位置线，现场标准水准点，坐标点（包括标准轴线桩、平面示意图），重点工程应有测量记录。

（2）基槽验线，包括：轴线、放坡边线、断面尺寸、标高（槽底标高、垫层标高）、坡度等。

（3）模板，包括：几何尺寸、轴线、标高、预埋件和预留孔位置、模板牢固性、清扫口留置、施工缝留置、模板清理、脱膜剂涂刷、止水要求等。

（4）楼层放线，包括：各层墙柱轴线、边线和皮数杆。

（5）翻样检查，包括几何尺寸、节点做法等。

（6）楼层50cm水平线检查。

（7）预制构件吊装，包括：轴线位置、构件型号、构件支点的搭接长度、堵孔、清理、锚固、标高、垂直偏差以及构件裂缝、损伤处理等。

（8）设备基础，包括：位置、标高、几何尺寸、预留孔、预埋件等。

（9）混凝土施工缝留置的方法和位置，接槎的处理（包括接槎处浮动石子清理等）。

（10）各层间地面基层处理，屋面找坡，保温、找平层质量，各阴阳角处理。

（五）技术措施计划

技术措施是为了克服生产中的薄弱环节，挖掘生产潜力，保证完成生产任务，获得良好的经济效果，在提高技术水平方面采取的各种手段或办法。它不同于技术革新。技术革新强调一个"新"字，而技术措施则是综合已有的先进经验或措施，如节约原材料，保证安全，降低成本等措施。要做好技术措施工作，必须编制、执行技术措施计划。

1．技术措施计划的主要内容

（1）加快施工进度方面的技术措施。

（2）保证和提高工程质量的技术措施。

（3）节约劳动力、原材料、动力、燃料的措施。

（4）推广新技术、新工艺、新结构、新材料的措施。

（5）提高机械化水平、改进机械设备的管理以提高完好率和利用率的措施。

（6）改进施工工艺和操作技术以提高劳动生产率的措施。

（7）保证安全施工的措施。

2．施工技术措施计划的编制

（1）施工技术措施计划应同生产计划一样，按年、季、月分级编制，并以生产计划要求的进度与指标为依据。

（2）编制施工技术措施计划应依据施工组织设计和施工方案。

（3）编制施工技术措施计划时，应结合施工实际，公司编制年度技术措施纲要；分公司编制年度和季度技术措施计划；项目经理部编制月度技术措施计划。

（4）项目经理部编制的技术措施计划是作业性的，因此在编制时既要贯彻上级编制的技术措施计划，又要充分发动施工员、班组长及工人提合理化建议，使计划有群众基础。

（5）编制技术措施计划应计算其经济效果。

3．技术措施计划的贯彻执行

（1）在下达施工计划的同时，下达到栋号长、工长及有关班组。

（2）对技术措施计划的执行情况应认真检查，发现问题及时处理，督促执行。如果无法执行，应查明原因，进行分析。

（3）每月底施工项目技术负责人应汇总当月的技术措施计划执行情况，填写报表上报、总结、公布成果。

（六）施工组织设计工作

施工组织设计是一项重要的技术管理工作，也是施工项目管理规划，它将作为一门课程进行讲授。

四、施工项目技术管理的组织体系

（1）项目经理部必须在企业总工程师和技术管理部门的指导和参与下建立技术管理体系。应根据项目规模设项目总工程师、主任工程师或工程师作技术负责人，其下设技术部门、工长和班组长。

（2）项目技术负责人应履行以下主要职责：

①领导施工项目的技术管理工作。

②主持制定项目的技术管理工作计划。

③组织有关人员熟悉与审查图纸，主持编制施工项目管理实施规划并组织实施。

④进行技术交底。

⑤组织做好测量及其核定。

⑥指导质量检验与试验。

⑦审定技术措施计划并组织实施。

⑧参加各类工程验收，处理质量事故。

⑨组织各项技术资料的签证、收集、整理和归档。

⑩领导技术学习，交流技术经验。

（3）项目经理部的技术工作应符合下列要求：

①项目经理部在接到工程图纸后，按过程控制程序文件要求组织有关人员进行内部审查，对设计疑问及存在问题加以汇总。

②参与设计外审。在内审的基础上，由项目技术负责人参与发包人组织的设计会审，提出设计变更意见，进行一次性设计变更洽商。

③在施工过程中，如发现设计图纸中存在问题，或因施工条件变化必须补充设计，或需要材料代用，可向设计人提出工程变更洽商书面资料。工程变更洽商应由签字有效人签字。

④编制优化施工方案。

⑤进行技术交底必须贯彻施工验收规范、技术规程、工艺标准、质量检验评定标准等要求。书面资料应由签发人和审核人签字，用后归入技术资料档案。

⑥项目经理部应将分包人的技术管理纳入技术管理体系，对其施工方案的制定、技术交底、施工试验、材料试验、预检和隐检、竣工验收等，进行系统的过程控制。

⑦对后续工序质量有决定作用的测量与放线、模板、翻样、预制构件吊装、设备基础、各种基层、预留孔、预埋件、施工缝等进行施工预验并做好记录。

⑧根据有关规定对各类隐蔽工程进行隐检，做好隐验记录，办理隐验手续，由参与各方责任人签认。

⑨项目经理部应按施工项目管理实施规划和企业的技术措施纲要实施技术措施计划。

⑩项目经理部应设技术资料管理人员，做好技术资料的收集、整理和归档工作，并建立技术资料台账。

附录 5-1

建设工程施工现场管理规定

（1991 年 12 月 5 日中华人民共和国建设部 15 号令发布）

第一章 总　则

第一条　为加强建设工程施工现场管理，保障建设工程施工顺利进行，制定本规定。

第二条 本规定所称建设工程现场，是指进行工业和民用项目的房屋建筑、土木工程、设备安装、管线敷设等施工活动，经批准占用的施工场地。

第三条 一切与建设工程施工活动有关的单位和个人，必须遵守本规定。

第四条 国务院建设行政主管部门归口负责全国建设工程施工现场的管理工作。

国务院各有关部门负责其直属施工单位施工现场的管理工作。

县级以上地方人民政府建设行政主管部门负责本行政区域内建设工程施工现场的管理工作。

第二章 一 般 规 定

第五条 建设工程开工实行施工许可证制度。建设单位应当按批准的开工项目向工程所在地县级以上地方人民政府建设行政主管部门办理施工许可证手续。申请施工许可证应当具备下列条件：

（一）设计图纸供应已落实；

（二）征地拆迁手续已完成；

（三）施工单位已确定；

（四）资金、物资和为施工服务的市政公用设施等已落实；

（五）其他应当具备的条件已落实。

未取得施工许可证的建设单位不得擅自组织开工。

第六条 建设单位批准取得施工许可证后，应当自批准之日起两个月内组织开工；因故不能按期开工的，建设单位应当在期满前向发证部门说明理由，申请延期。不按期开工又不按期申请延期的，已批准的施工许可证失效。

第七条 建设工程开工前，建设单位或者发包单位应当指定施工现场总代表人，施工单位应当指定项目经理，并分别将总代表人和项目经理的姓名及授权事项书面通知对方，同时报第五条规定的发证部门备案。

在施工过程中，总代表人或者项目经理发生变更的，应当按照前款规定重新通知对方和备案。

第八条 项目经理全面负责施工过程中的现场管理，并根据工程规模、技术复杂程度和施工现场的具体情况，建立施工现场管理责任制，并组织实施。

第九条 建设工程实行总包和分包的，由总包单位负责施工现场的统一管理，监督检查分包单位的施工现场活动，分包单位应当在总包单位的统一管理下，在其分包范围内建立施工现场管理责任制，并组织实施。

总包单位可以受建设单位的委托，负责协调该施工现场内由建设单位直接发包的其他单位的施工现场活动。

第十条 施工单位必须编制建设工程施工组织设计。建设工程实行总包和分包的，由总包单位负责编制施工组织设计或者分阶段施工组织设计。分包单位在总包单位的总体部署下，负责编制分包工程的施工组织设计。

施工组织设计按照施工单位隶属关系及工程的性质、规模、技术繁简程度实行分级审批。具体审批权限由国务院各有关部门和省、自治区、直辖市人民政府建设行政主管部门规定。

第十一条 施工组织设计应当包括下列主要内容：

（一）工程任务情况；

（二）施工总方案、主要施工方法、工程施工进度计划、主要单位工程综合进度计划和施工力量、机具及部署；

（三）施工组织技术措施，包括工程质量，安全防护以及环境污染防护等各种措施；

（四）施工总平面布置图；

（五）总包和分包的分工范围及交叉施工部署等。

第十二条 建设工程施工必须按照批准的施工组织设计进行。在施工过程中确需对施工组织设计进行重大修改的，必须报经原批准部门同意。

第十三条　建设工程施工应当在批准的施工场地内组织进行。需要临时征用施工场地或者临时占用道路的，应当依法办理有关批准手续。

第十四条　由于特殊原因，建设工程需要停止施工两个月以上的，建设单位或施工单位应当将停工原因及停工时间向当地人民政府建设行政主管部门报告。

第十五条　建设工程施工中需要进行爆破作业的，必须经上级主管部门审查同意，并持说明使用爆破器材的地点、品名、数量、用途、四邻距离的文件和安全操作规程，向所在地县、市公安局申请《爆破物品使用许可证》，方可使用。进行爆破作业时，必须遵守爆破安全规程。

第十六条　建设工程施工中需要架设临时电网、移动电缆等，施工单位应当向有关主管部门提出申请，经批准后在有关专业技术人员指导下进行。

施工中需要停水、停电、封路而影响到施工现场周围地区的单位和居民时，必须经有关主管部门批准，并事先通告受影响的单位和居民。

第十七条　施工单位进行地下工程或者基础工程施工时，发现文物、古化石、爆炸物、电缆等应当暂停施工，保护好现场，并及时向有关部门报告，在按照有关规定处理后，方可继续施工。

第十八条　建设工程竣工后，建设单位应当组织设计、施工单位共同编制工程竣工图，进行工程质量评议，整理各种技术资料，及时完成工程初验，并向有关主管部门提交竣工验收报告。

单项工程竣工验收合格的，施工单位可以将该单项工程移交建设单位管理。全部工程验收合格后，施工单位方可解除施工现场的全部管理责任。

第三章　文明施工管理

第十九条　施工单位应当贯彻文明施工的要求，推行现代管理方法，科学组织施工，做好施工现场的各项管理工作。

第二十条　施工单位应当按照施工总平面布置图设置各项临时设施。堆放大宗材料、成品、半成品和机具设备，不得侵占场内道路及安全防护等设施。

建设工程实行总包和分包的，分包单位确需进行改变施工总平面布置图活动的，应当先向总包单位提出申请，经总包单位同意后方可实施。

第二十一条　施工现场必须设置明显的标牌，标明工程项目名称、建设单位、设计单位、施工单位、项目经理和施工现场总代表人的姓名，开、竣工日期，施工许可证批准文号等。施工单位负责施工现场标牌的保护工作。

施工现场的主要管理人员在施工现场应当佩戴证明其身份的证卡。

第二十二条　施工现场的用电线路、用电设施的安装和使用必须符合安装规范和安全操作规程，并按照施工组织设计进行架设，严禁任意拉线接电。施工现场必须设有保证施工安全要求的夜间照明；危险潮湿场所的照明以及手持照明灯具，必须采用符合安全要求的电压。

第二十三条　施工机械应当按照施工总平面布置图规定的位置和线路设置，不得任意侵占场内道路。施工机械进场必须经过安全检查，经检查合格的方能使用，施工机械操作人员必须建立机组责任制，并依照有关规定持证上岗，禁止无证人员操作。

第二十四条　施工单位应该保证施工现场道路畅通，排水系统处于良好的使用状态；保持场容场貌的整洁，随时清理建筑垃圾。在车辆、行人通行的地方施工，应当设置沟井坎穴覆盖物和施工标志。

第二十五条　施工单位必须执行国家有关安全生产和劳动保护的法规，建立安全生产责任制，加强规范化管理，进行安全交底，安全教育和安全宣传，严格执行安全技术方案。施工现场的各种安全设施和劳动保护器具，必须定期进行检查和维护，及时消除隐患，保证其安全有效。

第二十六条　施工现场应当设置各类必要的职工生活设施，并符合卫生、通风、照明等要求。职工的膳食、饮水供应等应当符合卫生要求。

第二十七条　建设单位或施工单位应当做好施工现场安全保卫工作，采取必要的防盗措施，在现场周边设立围护设施。施工现场在市区的，周围应当设置遮挡围栏，临街的脚手架也应当设置相应的围护设施。非施工人员不得擅自进入施工现场。

第二十八条　非建设行政主管部门对建设工程施工现场实施监督检查时，应当通过或者会同当地人民政府建设行政主管部门进行。

第二十九条　施工单位应当严格按照《中华人民共和国消防条例》的规定，在施工现场建立和执行防火管理制度，设置符合消防要求的消防设施，并保持完好的备用状态。在容易发生火灾的地区施工或者储存、使用易燃易爆器材时，施工单位应当采取特殊的消防安全措施。

第三十条　施工现场发生的工程建设重大事故的处理，依照《工程建设重大事故报告和调查程序规定》执行。

第四章　环　境　管　理

第三十一条　施工单位应当遵守国家有关环境保护的法律规定，采取措施控制施工现场的各种粉尘、废气、废水、固体废弃物以及噪声、振动对环境的污染和危害。

第三十二条　施工单位应当采取下列防止环境污染的措施：

（一）妥善处理泥浆水，未经处理不得直接排入城市排水设施和河流；

（二）除设有符合规定的装置外，不得在施工现场熔融沥青或者焚烧油毡、油漆以及其他会产生有毒有害烟尘和恶臭气体的物质；

（三）使用密封式的圈筒或者采取其他措施处理高空废弃物；

（四）采取有效措施控制施工过程中的扬尘；

（五）禁止将有毒有害废弃物用作土方回填；

（六）对产生噪声、振动的施工机械，应采取有效控制措施，减轻噪声扰民。

第三十三条　建设工程施工由于受技术、经济条件限制，对环境的污染不能控制在规定范围内的，建设单位应当会同施工单位事先报请当地人民政府建设行政主管部门和环境保护行政主管部门批准。

第五章　罚　　则

第三十四条　违反本规定有下列行为之一的，由县级以上地方人民政府建设行政主管部门根据情节轻重，给予警告，通报批评、责令限期改正、责令停止施工整顿、吊销施工许可证，并可处以罚款：

（一）未取得施工许可证而擅自开工的；

（二）施工现场的安全设施不符合规定或者管理不善的；

（三）施工现场的生活设施不符合卫生要求的；

（四）施工现场管理混乱，不符合保卫、场容等管理要求的；

（五）其他违反本规定的行为。

第三十五条　违反本规定，构成治安管理处罚的，由公安机关依照《中华人民共和国治安管理处罚条例》处罚；构成犯罪的，由司法机关依法追究其刑事责任。

第三十六条　当事人对行政处罚决定不服的，可以在接到处罚通知之日起十五日内，向做出处罚决定机关的上一级机关申请复议，对复议决定不服的，可以在接到复议决定之日起向人民法院起诉；也可以直接向人民法院起诉。逾期不申请复议，也不向人民法院起诉，又不履行处罚决定的，由做出处罚决定的机关申请人民法院强制执行。

对治安管理处罚不服的，依照《中华人民共和国治安管理处罚条例》的规定处理。

第六章　附　　则

第三十七条　国务院各有关部门和省、自治区、直辖市人民政府建设行政主管部门可以根据本规定制定实施细则。

第三十八条 本规定由国务院建设行政主管部门负责解释。

第三十九条 本规定自 1992 年 1 月 1 日起施行。原国家建工总局 1981 年 5 月 11 日发布的《关于施工管理的若干规定》与本规定相抵触的，按照本规定执行。

附录 5-2

建设工程施工现场综合考评试行办法

建监〔1995〕407 号

第一章 总 则

第一条 为加强建设工程施工现场管理，提高施工现场的管理水平，实现文明施工，确保工程质量和施工安全，根据《建设工程施工现场管理规定》，制定本办法。

第二条 本办法所称施工现场，是指从事土木建筑工程，线路管道及设备安装工程，装饰装修工程等新建、扩建、改建活动经批准占用的施工场地。

所称建设工程施工现场综合考评，是指对工程建设参与各方（业主、监理、设计、施工、材料及设备供应单位等）在施工现场中各种行为的评价。

第三条 建设工程施工现场的综合考评，要覆盖到每一个建设工程，覆盖到建设工程施工的全过程。

第四条 国务院建设行政主管部门归口负责全国建设工程施工现场综合考评的管理工作。

国务院各有关部门负责所直接实施的建设工程施工现场综合考评的管理工作。

县级以上（含县级）地方人民政府建设行政主管部门负责本行政区域内地方建设工程施工现场综合考评的管理工作。施工现场综合考评实施机构（以下简称考评机构）可在现有工程质量监督站的基础上，加以健全或充实。

第二章 考 评 内 容

第五条 建设工程施工现场综合考评的内容，分为建筑业企业的施工组织管理、工程质量管理、施工安全管理、文明施工管理和业主、监理单位的现场管理等五个方面。综合考评满分为 100 分。

第六条 施工组织管理考评，满分为 20 分。考评的主要内容是合同签订及履约、总分包、企业及项目经理资质、关键岗位培训及持证上岗、施工组织设计及实施情况等。

有下列行为之一的，该项考评得分为零分：

（一）企业资质或项目经理资质与所承担的工程任务不符的；

（二）总包单位对分包单位不进行有效管理，不按照本办法进行定期评价的；

（三）没有施工组织设计或施工方案，或其未经批准的；

（四）关键岗位未持证上岗的。

第七条 工程质量管理考评，满分为 40 分。考评的主要内容是质量管理与保证体系、工程质量、质量保证资料情况等。

工程质量检查按照现行的国家标准、行业标准、地方标准和有关规定执行。

有下列情况之一的，该项考评得分为零分：

（一）当次检查的主要项目质量不合格的；

（二）当次检查的主要项目无质量保证资料的；

（三）出现结构质量事故或严重质量问题的。

第八条 施工安全管理考评，满分为 20 分。考评的主要内容是安全生产保证体系和施工安全技术、规范、标准的实施情况等。

施工安全管理检查按照国家现行的有关标准和规定执行。

有下列情况之一的，该项考评得分为零分：

（一）当次检查不合格的；

（二）无专职安全员的；

（三）无消防设施或消防设施不能使用的；

（四）发生死亡或重伤二人以上（包括二人）事故的。

第九条 文明施工管理考评，满分为 10 分。考评的主要内容是场容场貌、料具管理、环境保护、社会治安情况等。

有下列情况之一的，该项考评得分为零分：

（一）用电线路架设、用电设施安装不符合施工组织设计，安全没有保证的；

（二）临时设施、大宗材料堆放不符合施工总平面图要求，侵占场道及危及安全防护的；

（三）现场成品保护存在严重问题的；

（四）尘埃及噪声严重超标，造成扰民的；

（五）现场人员扰乱社会治安，受到拘留处理的。

第十条 业主、监理单位现场管理考评，满分为 10 分。考评的主要内容是有无专人或委托监理单位管理现场、有无隐蔽验收签认、有无现场检查认可记录及执行合同情况等。

有下列情况之一的，该项考评得分为零分：

（一）未取得施工许可证而擅自开工的；

（二）现场没有专职管理技术人员的；

（三）没有隐蔽验收签认制度的；

（四）无正当理由严重影响合同履约的；

（五）未办理质量监督手续而进行施工的。

第三章 考 评 办 法

第十一条 建设工程施工现场的综合考评，实行考评机构定期抽查和企业主管部门或总包单位对分包单位日常检查相结合的办法。企业日常检查应按考评内容每周检查一次。考评机构的定期抽查每月不少于一次。一个施工现场有多个单体工程的，应分别按单体工程进行考评；多个单体工程过小，也可以按一个施工现场考评。

全国建设工程质量和施工安全大检查的结果，作为建设工程施工现场综合考评的组成部分。

有关单位或群众对在建工程、竣工工程的管理状况及工程质量、安全生产的投诉和评价，经核实后，可作为综合考评得分的增减因素。

第十二条 建设工程施工现场综合考评，得分在 70 分以上（含 70 分）的施工现场为合格现场。当次考评达不到 70 分或有一项单项得分为零的施工现场为不合格现场。

第十三条 建设工程施工现场综合考评的结果，是建筑业企业、监理单位资质动态管理的依据之一。考评机构应按季度向相应的资质管理部门通报考评结果。

国务院各有关部门和省、自治区、直辖市人民政府建设行政主管部门在审查企业资质等级升级和进行企业资质年检时，应当把该企业施工现场综合考评结果作为考核条件之一。

第十四条 建筑业企业、监理单位资质管理部门在接到考评机构关于降低企业资质等级的处理意见后，应在一个月之内办理降级的手续。

被降低资质等级的建筑业企业、监理单位和被取消资格的项目经理、监理工程师，须在两年后经检查考评合格，方可申请恢复原资质等级。

第十五条 国务院各有关部门和省、自治区、直辖市人民政府建设行政主管部门应当在每年一月底前，将本部门、本地区一级建筑业企业及甲级监理单位上年度的施工现场综合考评结果，按照《建筑业企业（监理单位）施工现场综合考评结果汇总表》（格式详见附表一）的要求报送建设部。

第十六条 一级建筑业企业、甲级监理单位的建设工程施工现场综合考评结果，由建设部按年度在行业内通报，并向社会公布。

对于当年无质量伤亡事故、综合考评成绩突出的建筑业企业、监理单位等予以表彰，并给予一定的奖励。

第十七条 各省、自治区、直辖市建设行政主管部门应当对本省（自治区、直辖市）的和在本行政区域内承建任务外地的二、三、四级建筑业企业，乙、丙级监理单位及业主的施工现场综合考评结果，在本省（自治区、直辖市）范围内向社会公布。

对于当年无质量伤亡事故、综合考评成绩突出的建筑业企业及监理单位等予以表彰，并给予一定的奖励。

第四章 罚 则

第十八条 对于综合考评达不到合格的施工现场，由主管考评工作的建设行政主管部门根据责任情况，向建筑业企业或业主或监理单位提出警告。

对于一个年度内同一个施工现场发生两次警告的，根据责任情况，给予建筑业企业或业主或监理单位通报批评的处罚；给予项目经理或监理工程师通报批评的处罚。

对于一个年度内同一个施工现场发生三次警告的，根据责任情况，给予建筑业企业或监理单位降低资质一级的处罚；给予项目经理、监理工程师取消资格的处罚；责令该施工现场停工整顿。

第十九条 对于本办法第九条由于业主原因，考评得分为零分的，第一次出现零分由当地建设行政主管部门提出警告；一年内出现二次得分为零分的，给予通报批评；一年内出现三次零分的，责令该施工现场停工整顿。

第二十条 凡发生一起三级以上（含三级）或两起四级工程建设重大事故的，由当地建设行政主管部门根据责任情况，给予建筑业企业或监理单位降低资质一级的处罚；给予项目经理或监理工程师取消资格的处罚；业主责任者由所在单位给予当事者行政处分。情节严重构成犯罪的，由司法机关依法追究刑事责任。

第二十一条 建设行政主管部门做出处罚决定后，应及时将处罚决定书（格式详见附表二）送交被处罚者。

第二十二条 综合考评监督及检查人员不认真履行职责，对检查中发现的问题不及时处理或伪造综合考评结果的，由其所在单位给予行政处分。构成犯罪的，由司法机关依法追究刑事责任。

第二十三条 当事人对行政处罚决定不服的，可以在接到处罚通知之日起十五日内，向做出处罚决定机关的上一级机关申请复议，对复议决定不服的，可以在接到复议决定之日起十五日内向人民法院起诉；也可以直接向人民法院起诉。逾期不申请复议，也不向人民法院起诉，又不履行处罚决定的，由做出处罚决定的机关申请人民法院强制执行。

第五章 附 则

第二十四条 各试点城市（区、县）建设行政主管部门可以根据本办法制定实施细则，并报建设部备案。

第二十五条 对在中国境内承包工程的外国企业和台湾、香港、澳门地区建筑施工企业（承包商）的施工现场综合考评，参照本办法执行。

第二十六条 本办法由建设部负责解释。

第二十七条 本办法自发布之日起施行。

附：1. 建筑业企业（监理单位）建设工程施工现场综合考评汇总表；

    2. 建设工程施工现场综合考评处罚通知书；

    3. 建设工程施工现场综合考评汇总表及二级指标表。

附表一：

____年建筑业企业（监理单位）负责的

建设工程施工现场综合考评汇总表

地区（部门）：

企业名称（监理单位名称）	在施现场个数	检查现场个数	合格现场个数	不合格现场数	被检查现场平均得分						备注
					经营管理考评平均得分（20分）	工程质量管理考评平均得分（40分）	施工安全管理评价得分（20分）	文明施工管理评价得分（10分）	业主（监理单位）现场管理评价得分（10分）	施工现场业绩评价总得分（100分）	

负责人：   制表人：   填报日期：   年   月   日

注：建筑业企业、监理单位分别列表汇总。

附表二：

建设工程施工现场综合考评

处罚通知书

编号：

    经查

以上事实已违反

决定给予

    如不服本决定，可在收到处罚通知书之日起十五日内，向   申请复议或向人民法院提起诉讼。

执法机构（章）

年 月 日

注：此处罚通知书一式三份，一份送被处罚单位，一份送资质管理部门，一份执法机构留存。

附表三：

建设工程施工现场综合考评汇总表

工程施工现场名称：　　　　　　　　　　　　　　　　　　　　　　　　　　　编号：1.0

建筑施工企业名称：						资质等级	
建设监理单位名称：						资质等级	
业　主　名　称：							
序号	考评日期	施工管理考评得分权重值（20）	工程质量考评得分权重值（40）	施工安全考评得分权重值（20）	文明施工考评得分权重值（10）	业主或监理单位考评得分权重值（10）	每次考评总分率
1							
2							
3							
…							
	平均						
考评结论						（签名，盖章）　　年　月　日	

注：每次考评总分率达 70 分以上为合格现场；达不到 70 分或有一项得分为零的为不合格现场。

施工管理考评二级指标表

工程施工现场名称：　　　　　　　　　　　　　　　　　　　　　　　　　　　编号：1.1

序号	考评日期	经营和施工管理考评得分（100）	施工管理考评内容及分值										施工现场负责人签字	考评人签字
			施工组织设计编制情况	合同及履约情况	企业资质符合情况	项目经理质量符合情况	关键岗位持证上岗情况	分包管理情况	质量保证体系	质量责任制落实	质量问题的处理			
			(13)	(15)	(12)	(10)	(10)	(10)	(10)	(10)	(10)		
1													
2													
3													
…													

注：经营和施工管理考评实际得分率＝（考评得分）×（0.2）

工程质量管理考评二级指标表

工程施工现场名称：　　　　　　　　　　　　　　　　　　　　　　　　　　　编号：1.2

序号	考评日期	工程质量管理考评得分（100）	考评内容及分值												安装工程（20分）
			结构工程（30）					质量保证资料（20分）	装饰工程（30）						
			地基基础工程	构件安装工程	砌砖工程	模板工程	钢筋工程	混凝土工程		楼地面工程	门窗工程	抹灰工程	油漆喷浆裱糊工程	饰面工程	屋面工程	
1															
2															
3															
…															

注：工程质量管理考评实际得分率＝（考评得分）×（0.4）

施工安全管理考评二级指标表

施工现场名称：   编号：1.3

考评日期	施工安全管理考评得分（100）	考评内容及分值								
		安全管理（10）	三宝、四口防护（20）	外脚手架（15）	施工用电（10）	龙门架与井字架（10）	塔吊（10）	施工用具（10）	明火作业许可证（5）	消防设施情况（10）

注：施工安全管理考评实际得分率＝（考评得分）×（0.2）

文明施工管理考评二级指标表

工程施工现场名称：   编号：1.4

序号	检查日期	文明施工管理考评得分（100）	考评内容及分值											成品保护社会治安综合治理（20）
			场容场貌（30）					料具管理（20）		保卫、消防、环境保护（30）				
			现场围护	现场标志	现场布置	现场场地及道路	操作面	物料存放	机械设备	现场保卫	现场消防设施	现场环境保护	文明施工教育	
1														
2														
3														
...														

注：文明施工管理考评实际得分率＝（考评得分）×（0.10）

业主、监理单位现场管理考评二级指标表

工程施工现场名称：   编号：1.5

序号	考评日期	业主、监理单位现场管理考评得分（100）	考评内容及分值									业主、监理现场负责人签字	考评人签字
			有否专职技术人员或委托监理情况（20）	质量控制计划及实施（10）	隐蔽工程验收执行情况（15）	招标投标情况（15）	办理质量监督情况（10）	施工许可证（10）	设计委托书（10）	材料设备采购情况（10）			
1													
2													
3													
...													

注：1. 业主、监理单位现场管理考评实际得分率＝（考评得分）×（0.10）

2. 业主没委托监理单位负责现场管理的以考评业主为主，委托监理的以考评监理单位为主。

第六章　建设工程施工监理

第一节　建设工程监理概述

一、建设工程监理的概念

（一）定义

建设工程监理是社会建设监理单位接受建设单位的委托和授权，进行的旨在实现建设项目投资目标的微观监督管理活动。

这个概念说明监理的主体是社会监理单位；监理的对象是建设项目；实施监理要接受建设单位的委托；监理的目的是实现建设项目的投资目标；监理活动是微观监督管理活动。监理活动发生在建设项目的实施阶段，本章只涉及施工监理。

（二）建设项目监理的性质

1. 服务性

建设项目监理是指建设监理单位利用自己的知识、技能和经验，为建设单位提供高智能的监督管理服务，获得的报酬是脑力劳动的报酬，是技术服务性的报酬。

2. 独立性

监理单位是参与建设项目实施的第三方当事人，与承建单位及建设单位的关系是平等的、横向的。监理单位作为独立的专业公司受聘进行服务，因此它要建立自己的组织，确定自己的工作准则，运用自己掌握的方法和手段，根据自己的判断，独立地开展工作。

3. 公正性

监理单位和监理工程师应当以公正的态度对待委托方和被监理方，站在第三方的立场上处理双方的矛盾，维护双方的合法权益。

4. 科学性

建设项目监理是一种高智能的技术服务，因此要遵循科学准则，以科学态度、采用科学的方法进行工作。

（三）实施建设工程监理制度的必要性

建设工程监理是我国建设领域改革中建立的一项重要制度，自 1988 年开始试点，1993 年开始稳步推行，1996 年开始全面推行，1997 年纳入《建筑法》2001 年发布《建设工程监理规范》，其发展速度是非常快的。其必要性主要有以下几点：

（1）改革传统的工程建设管理体制，即改变建设单位的自筹自管小生产方式，改变工程指挥部的政企不分管理方式。

（2）解决投资主体对技术和管理服务的社会需求问题，即形成一支社会化、专业化的支持力量，为投资者提供专门的高智能服务，提高其投资管理水平和承担风险的能力。

（3）建立社会主义建筑市场需要有中介组织以形成协调约束机制，维护市场经济秩序，即建立工程监理制度形成建筑市场的中介组织，监督承包者的建设行为，依法保护买卖双方的合法权益，从而促进规范化、有序化建筑市场的建立。

（4）与国际建筑市场接轨。国际上进行工程建设的惯例是实行咨询制度。我国无论是开展对外工程承包或引进外资进行建设，都要与国际惯例沟通，为了改善投资环境、增强国际承包的竞争能力，均需要建立建设工程监理制度。

（四）建设工程监理的准则

建设项目监理应当遵循守法、诚信、公正、科学的准则。

1．守法

守法即依法监理。监理单位只能在核定的业务范围内开展工作。监理单位不得伪造、涂改、出租、出借、转让、出卖《资质等级证书》。建设项目监理合同一经双方签订，即具有一定的法律约束力，监理单位应认真履行，不得无故或故意违背自己的承诺。

2．诚信

即忠诚老实，讲信用。要实事求是，认真履行监理合同规定的义务和职责。

3．公正

公正即在处理监理中矛盾时对委托方和监理方一碗水端平。为此要做到：培养良好的职业道德，不为私利而违心地处理问题；坚持实事求是，不唯上级或业主的意见是从；提高综合分析问题的能力，善于发现本质；不断提高自己的专业技术能力，以熟练地处理问题。

4．科学

即依据科学方案，运用科学手段，采取科学方法，进行符合科学规律的监理。

二、建设工程监理的依据和内容

（一）依据

根据《建筑法》的规定，进行建设项目监理主要有以下依据。

（1）法律、行政法规；

（2）技术标准；

（3）设计文件；

（4）合同，包括施工合同、采购合同、委托监理合同和其他相关合同。

（二）内容

施工阶段的建设监理内容主要有以下几方面：

（1）进行目标规划，即围绕项目的投资、进度、质量目标进行研究确定、分解综合、安排计划、风险分析与规划、制定措施，为目标控制提供前提或条件。

（2）目标控制，即在项目实施过程中，通过对过程和目标的跟踪，全面、及时、准确地掌握信息，将实际达到的目标与计划目标（或标准）进行对比，发现偏差，采取措施纠正偏差，以促进总目标的实现。控制目标包括投资目标、进度目标与质量目标。

（3）组织协调，即疏通项目实施中的各种关系以解决矛盾排除干扰，促进控制，实现目标。

（4）信息管理，即在项目实施过程中，现场监理组织对需要的信息进行收集、整理、处理、储存、传递、应用等一系列工作，为目标控制提供基础。

（5）合同管理，即现场监理组织根据监理合同的要求对施工合同的签订、履行、变更和解除进行监督、检查，对合同双方的争议进行调解和处理，以保证合同依法签订和全面履行。

三、建设项目监理程序

建设项目施工阶段监理程序如下：

（一）制定监理工作程序的一般规定

《建设工程监理规范》第5章第1节对制定监理工作程序的一般规定有以下几点：

（1）制定监理工作总程序应根据专业工程特点，并按工作内容分别制定具体的监理工作程序。

（2）制定监理工作程序应体现事先控制和主动控制的要求。

（3）制定监理工作程序应结合工程特点，注重监理工作效果。监理工作程序中应明确工作内容，行为主体、考核标准、工作时限。

（4）当涉及到建设单位和承包单位的工作时，监理工作程序应符合委托监理合同和施工合同的规定。

（5）在监理工作实施过程中，应根据实际情况的变化对监理工作程序进行调整和完善。

（二）建设项目实施建设监理程序

（1）确定项目总监理工程师，成立项目监理组织。总监理工程师是由监理单位法定代表人书面授权，全面负责委托监理合同的履行、主持项目监理机构工作的监理工程师。监理单位应根据项目的规模、性质、建设单位对监理的要求，委派称职的人员担任项目的总监理工程师，代表监理单位全面负责该项目的监理工作。总监理工程师对内向监理单位负责，对外向业主负责。

在监理任务确定后，应在总监理工程师的主持下，组建项目监理机构，并根据签订的监理委托合同制定监理规划和具体的实施计划，开展监理工作。

（2）搜集监理依据，编制项目监理规划。除上述监理依据外，主要应收集反映建设项目特征的有关资料，反映当地建设政策、法规的资料，反映工程所在地区技术经济状况等建设条件的资料，类似工程建设情况的有关资料。

监理规划是在监理工程师的主持下编制、经监理单位技术负责人批准，用来指导项目监理机构全面开展监理工作的指导性文件。

在编制监理规划之后，应编写监理实施细则，它是由专业监理工程师根据监理规划编写并经监理工程师批准，针对工程项目中某一专业或某一方面监理工作的操作性文件。

（3）根据监理规划和监理实施细则，规范地开展监理工作，使监理工作的时序性、职责分工的严密性和工作目标的明确性均呈良好状态。

（4）参加项目的竣工预验收，签署监理意见。监理业务完成后，向业主提交监理档案资料，包括：监理设计变更，工程变更资料，监理指令文件，各科签证资料，其他约定提交的档案资料。

（5）进行监理工作总结，主要包括的内容是：

第一，向建设单位提交的工作总结：监理委托合同履行情况；监理任务或监理目标的完成情况；由建设单位提供的用品清单；表明监理工作终结的说明。

第二，向监理单位提交的工作总结，包括：监理工作经验；监理方法经验；技术经济措施经验，协调关系的经验。

第三，存在问题及改进意见。

四、监理机构与承包人之间的关系

1. 承包单位的项目经理部有义务向项目监理机构报送有关方案

承包单位的项目经理部是代表承包单位履行施工合同的现场机构，它应该按照施工合同及监理规范的有关规定，向项目监理机构报送有关文件供监理机构审查，并接受项目监理机构的审查意见。

承包单位在完成了隐蔽工程施工、材料进场应报请项目监理机构现场进行验收。这是项目监理机构的义务和权力，也是保证监理工作效果的一个重要手段。

2. 承包单位应接受项目监理机构的指令

《建筑法》第32、33条规定："工程监理人员认为工程施工不符合工程设计要求、施工技术标准或合同约定的，有权要建筑施工企业改正。""实施建筑工程监理前，建设单位应当将委托的工程监理单位、监理内容及监理的权限，书面通知被监理的建筑施工企业"，这就规定了在监理的内容范围和权限内，承包单位应当接受监理人员对于承包单位不履行合同约定、违反施工技术标准或设计要求所发出的有关监理工程师指令。应该强调，基本的监理服务内容是不能减少的，基本的监理权限也是不可缺少的。

对于项目监理机构中的总监理工程师代表或专业监理工程师发出的监理指令，承包单位的项目经理部认为不合理时，应在合同约定的时间内书面要求总监理工程师进行确认或修改。如果总监理工程师仍决定维持原指令，承包单位应执行监理指令。

3. 项目监理机构与承包单位的项目管理机构是平等的

项目监理机构与承包单位的管理人员都是为了工程项目的建设而共同工作，承包单位的任务是提供工程建设产品，它对它所生产或建设的产品（包括工程的质量、进度和合同造价）负责，监理单位提供的是针对工程项目建设的监理服务，它对自己所提供的监理服务水平和行为负责。双方只是分工不同而已，不存在地位高低的问题或谁领导谁的问题。

双方都应遵守工程建设的有关法律、行政法规和工程技术标准或规范、工程建设的有关合同。在施工阶段，都应该按照经过审查批准的施工设计文件组织施工或提供监理服务。

第二节　施工准备阶段的监理工作及工地例会

一、施工准备阶段的监理工作

（一）组建项目监理机构，并进驻施工现场

建立项目监理机构是实现监理工作目标的组织保证。在这一阶段，监理单位应按中标通知书或委托监理合同的规定及投标承诺的人员进场计划及中标通知（或合同）要求，迅速将相关人员派到现场，建立起工作制度，明确人员职责，使项目监理机构开始运转工作。

（二）参加设计交底

（1）设计交底前，总监理工程师必须组织监理人员熟悉、了解图纸，了解工程特点，对图纸中出现的问题和差错提出建议，以书面形式报建设单位。

（2）监理工程师还应督促承包单位组织图纸会审，并在约定时间内向项目监理机构报送审图记录；经项目监理机构汇总后书面报建设单位。

（3）设计交底由建设单位主持，设计单位、建设单位、承包单位和项目监理机构有关专业人员参加。一般情况，总监及相关专业的专业监理工程师应该参加。

（4）监理工程师通过设计交底应主要了解以下主要内容：

1）建设单位提出的设计要求，施工现场的自然条件（地形、地貌），工程地质和水文地质条件、施工环境、环保要求等；

2）设计主导思想、建筑艺术构思和要求，采用的设计规范和施工规范，确定的抗震烈度，基础、结构、装修、机电设备设计（设备选型）等；

3）对土建施工（基础、主体结构、装修）和设备安装施工的要求，对主要建筑材料的要求，对所采用新技术、新工艺、新材料的要求，以及施工中应特别注意的事项等；

4）设计单位对承包单位和监理机构提交的图纸会审记录予以答复；

5）在设计交底会上确认的设计变更应由建设单位、设计单位、承包单位和监理单位确认；

6）一般情况下，承包单位负责整理设计交底会议纪要，经设计单位、建设单位、承包单位和监理单位签认后分发有关各方；

7）如分期分批供图，应通过建设单位确定分批进行设计交底的时间安排。

（三）施工组织设计的审查

1．施工组织设计的审查程序

（1）在工程项目开工前约定的时间（一般为7天）内，承包单位必须完成施工组织设计的编制及自审工作，并填写《施工组织设计（方案）报审表》。

（2）总监理工程师应在约定的时间（一般为7天）内，组织专业监理工程师审查，提出意见后，由总监理工程师审定批准。需要承包单位修改时，由总监理工程师签发书面意见，退回承包单位修改后再报审，总监理工程师重新审定。

（3）已审定的施工组织设计由项目监理机构报送建设单位。

（4）承包单位应按审定的施工组织设计文件组织施工。如需对其内容做较大变更，应在实施前将变更内容书面报送项目监理机构审定。

（5）规模大、结构复杂或属新结构、特种结构的工程，项目监理机构对施工组织设计审查后，还应报送监理单位技术负责人审查，提出审查意见后由总监理工程师签发。必要时与建设单位协商，组织有关专业部门和有关专家会审。

（6）规模大、工艺复杂的工程、群体工程或分期出图的工程经建设单位批准可分阶段报审施工组织设计；技术复杂或采用新技术的分项、分部工程，承包单位还应编制该分项、分部工程的施工方案，报项目监理机构审查。

2．审查施工组织设计时应掌握的原则

（1）程序要符合要求。

（2）施工组织设计应符合当前国家基本建设的方针和政策，突出"质量第一、安全第一"的原则。

（3）施工组织设计中工期、质量目标应与施工合同相一致。

（4）施工总平面图的布置应与地貌环境、建筑平面协调一致。

（5）施工组织设计中的施工布置和程序应符合本工程的特点及施工工艺，满足设计文件要求。

（6）施工组织设计应优先选用成熟的、先进的施工技术，且对本工程的质量、安全和降低造价有利。

（7）进度计划应采用流水施工方法和网络计划技术，以保证施工的连续性和均衡性，且工、料、机进场计划应与进度计划保持协调性。

（8）质量管理和技术管理体系健全，质量保证措施切实可行且有针对性。

（9）安全、环保、消防和文明施工措施切实可行并符合有关规定。

（10）总监理工程师批准的施工组织设计，实施过程中如出现问题，不解除承包单位的责任。由此引起的质量缺陷改正、工期延长、技措费用的增加，不应成为施工单位索赔的依据。

（四）审查承包单位项目管理机构的质量管理、技术管理和质保体系

施工单位健全的质保体系，对于取得良好的施工效果具有重要作用，因此，项目监理机构一定要检查、督促施工单位不断健全及完善质保体系，这一点是搞好监理工作很重要的环节，也是取得好的工程质量的重要条件。

（1）承包单位应填写《承包单位质量管理体系报验申请表》，向项目监理机构报送项目经理部的质量管理、技术管理和质量保证体系的有关资料。

（2）审核质量管理、技术管理和质量保证体系。

（3）经总监理工程师审核，承包单位的质量保证体系和技术管理体系符合有关规定并满足工程需要，予以签认。

（五）审查分包单位资格

（1）承包单位对部分分部、分项工程（主体结构工程除外）实行分包必须符合施工合同的规定。

（2）对分包单位资格的审核应在工程项目开工前或拟分包的分项、分部工程开工前完成。

（3）承包单位应填写《分包单位资格报审表》（附录A3表），附上经其自审认可的分包单位的有关资料，报项目监理机构审核。

（4）项目监理机构和建设单位认为必要时，可会同承包单位对分包单位进行实地考察，以验证分包单位有关资料的符合性。

（5）分包单位的资格符合有关规定并满足工程需要，由总监理工程师签发《分包单位资格报审表》，予以确认。

（6）分包合同签订后，承包单位应填写《分包合同报验申报表》（附录A4表），并附上分包合同报送项目监理机构备案。

（7）项目监理机构发现承包单位存在转包、肢解分包、层层分包等情况，应签发《监理工程师通知单》予以制止，同时报告建设单位及有关部门。

（8）总监对分包单位资格的确认不解除总包单位应负的责任。

（六）施工测量放线控制成果审查

这里所说的施工测量放线，是指开工前的交桩复测及施工单位建立的控制网，水准点

系统。开工前的交桩是建设单位的责任，一般通过设计单位或监理单位交桩。交桩后施工单位必须进行复测，并对所交的桩位进行确认。

（1）承包单位应填写《施工测量方案报审表》，将施工测量方案、专职测量人员的岗位证书及测量设备检定证书报送项目监理机构审批认可。

（2）承包单位按报送的《施工测量方案》对建设单位交给施工单位的红线桩、水准点进行校核复测，并在施工场地设置平面坐标控制网（或控制导线）及高程控制网后，填写《施工测量放线报验申请表》并附相应放线的依据资料及测量放线成果表项目监理机构审核查验。

（3）专业监理工程师审核测量成果及现场查验桩、线的准确性及桩点、桩位保护措施的有效，符合规定时，予以签认，完成交桩过程。

（4）当施工单位对交验的桩位通过复测提出质疑时，应通过建设单位约请政府规定的规划勘察部门或勘察设计单位复核红线桩及水准点引测的成果，最终完成交桩过程，并通过会议纪要的方式予以确认。

（七）审查《开工报告》

（1）承包单位认为施工准备工作已完成，具备开工条件时，应向项目监理机构报送《工程开工报审表》。

（2）项目监理机构应按以下内容进行审查：

1）政府建设主管部门已签发《建设工程施工许可证》；

2）征地拆迁工作能够满足工程施工进度的需要；

3）施工图纸及有关设计文件已齐备；

4）施工现场的场地、道路、水、电、通讯和临时设施已满足开工要求，地下障碍物已清除或查明；

5）施工组织设计（施工方案）已经项目监理机构审定；

6）测量控制桩已经项目监理机构复验合格；

7）施工人员已按计划到位，施工设备、料具已按需要到场，主要材料供应已落实。

（3）经专业监理工程师核查，具备开工条件时报项目总监，由总监理工程师签发《工程开工报审表》，并报送建设单位备案，如委托监理合同需建设单位批准，项目总监审核后报建设单位，由建设单位批准，工期自批准之日起计算。

二、第一次工地会议

（1）第一次工地会议一般应在承包单位和项目监理机构进驻现场后、工程开工前召开，并由建设单位主持。

（2）第一次工地会议应由下列人员参加：

1）建设单位驻现场代表及有关职能部门人员；

2）承包单位项目经理部经理及有关职能部门人员，分包单位主要负责人；

3）项目监理机构总监理工程师及主要监理人员；

4）可邀请有关设计人员参加。

（3）第一次工地会议应包括以下内容：

1）建设单位、承包单位和监理单位分别介绍各自驻现场的组织机构、人员及其分工。

2）建设单位根据监理委托合同宣布对总监理工程师的授权。

3）建设单位介绍开工准备情况。

4）承包单位介绍施工准备情况。

5）建设单位和总监理工程师对施工准备情况提出意见和要求。

6）总监理工程师介绍监理规划的主要内容。

7）研究确定各方在施工过程中参加工地例会的主要人员，召开工地例会周期、地点及主要议题。

（4）第一次工地会议纪要应由项目监理机构负责起草，并经各方与会代表会签。

三、工地例会

（1）在施工过程中，总监理工程师应定期主持召开工地例会。会议纪要由项目监理机构负责起草，并经与各方代表会签。

（2）工地例会的内容如下

1）检查上次例会议定事项的落实情况，分析未完事项原因。

2）检查分析进度计划完成情况，提出下一阶段进度目标及其落实措施。

3）检查分析工程质量状况针对存在的质量问题提出改进措施。

4）检查工程量核定及工程款支付情况。

5）解决需要协调的有关事项。

6）其他有关事宜。

（3）总监理工程师或专业监理工程师应根据需要及时组织专题会议，解决施工过程中的各种专项问题。

第三节　监理机构的目标控制

一、进度控制

（一）进度控制的依据

（1）国家有关的经济法规和规定。

（2）施工合同中所确定的工期目标及其他有关工期问题的约定。

（3）经监理工程师确认的施工进度计划。

（4）经监理工程师批准的工程延期。

（二）进度控制的基本程序

建议工程监理机构进度控制的基本程序见图6-1。

（三）工程进度控制的方法和手段

1．工程进度控制的方法

（1）审核。监理工程师应及时审核有关技术文件、报告和报表。审核的具体内容包括以下几方面：

1）审批施工总进度计划、年、季、月度进度计划、进度调整计划；

2）审批《工程动工报审表》、《（　　）月完成工程量报审表》、《复工报审表》、《工程延期申请表》、《工程延期审批表》；

3）审批承包单位报送的有关工程进度的报告；

4）审阅《（　　）月工、料、机动态表》。

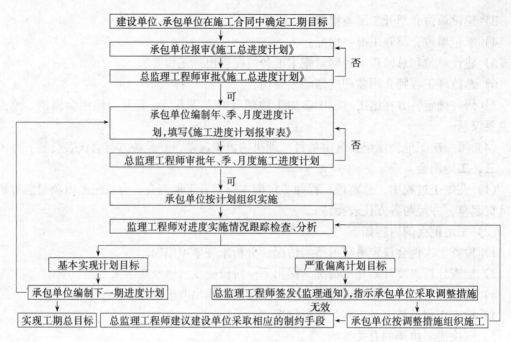

图 6-1　进度控制程序

（2）检查、分析和报告。监理工程师应及时检查承包单位报送的进度报表和分析资料；应跟踪检查实际形象进度；应经常分析进度偏差的程度、影响面及产生原因，并提出纠偏对策；应定期（监理月报）或不定期地向建设单位报告进度情况并提出防止因建设单位因素而导致工程延误和费用索赔的合理化建议。

（3）组织协调。项目监理部应定期或不定期地组织不同层级的组织协调会，在建设单位、承包单位及其他相关参建单位之间的不同层面解决相应的进度协调问题。

（4）积累资料。监理工程师应及时收集、整理有关工程进度方面的资料，为公正、合理地处理进度拖延、费用索赔及工期奖、罚问题提供证据。

2．工程进度控制的手段

（1）下达监理指令。监理工程师应通过工地会议及书面文件，及时发布监理指令，向承包单位指出施工进度发生的偏差、影响程度及其产生原因，提出采取进度调整措施的要求和指示。承包单位应积极执行。

（2）采取组织措施。总监理工程师发现承包单位、或分包单位、或其主要管理人员不称职，不进行调整或撤换将对工程进度造成极大影响时，可向建设单位提出相应的调整或撤换承包单位、或分包单位、或其主要管理人员的建议。

（3）采取经济制约手段。总监理工程师应依据建设工程施工合同中的约定，当工期提前或延期时，签发有关文件，向建设单位建议采取相应的经济制约手段，如停止付款、赔偿误期损失、发放提前竣工奖金等。

（四）工程进度控制的内容

1．审批施工进度计划

（1）承包单位应按照建设工程施工合同的约定编制施工总进度计划及年度、季度、月度进度计划，并按时填写《施工进度计划报审表》，报送项目监理部。

（2）总监理工程师应在约定的时间内，组织监理工程师审查，提出审查意见后，由总监理工程师审定、批准。需要承包单位修改或重新编制时，由总监理工程师签发书面意见，退回承包单位修改或重新编制后再报审，总监理工程师应重新审定。

（3）施工进度计划的审核内容主要有：

1）进度安排是否符合建设项目总进度计划中总目标和分解目标的要求，是否符合施工合同中开、竣工日期的规定。

2）施工总进度计划中的项目是否有漏项，是否满足分期分批动用和配套动用的需要。

3）劳动力进场计划、材料/构配件/设备采购计划及施工设备、机具进场计划是否能保证施工进度计划的需要，供应是否均衡。

4）对由建设单位提供的条件（资金、图纸、场地条件、甲方供应的物资等）承包单位所提出的时间和数量要求是否明确、合理，是否有造成因建设单位违约而导致工程延误和费用索赔的可能。

5）已审定的施工总进度计划和年、季、月度进度计划由监理单位报送建设单位备案。

2．检查、监督进度计划的实施

（1）在进度计划实施过程中，监理工程师应跟踪检查并记录实际进度情况，若发现存在偏差，监理工程师应通过经常工地会议或现场协调会或书面文件下达监理指令，督促承包单位及其他有关单位采取纠偏措施，以维护施工的正常秩序。

（2）监理工程师应及时检查承包单位定期报送的进度报表和分析资料，核实所报送的已完项目时间和工程量与实际进度及进度计划的符合性。若发现存在虚报现象，监理工程师应据实予以核减；若发现存在偏离现象，监理工程师应及时分析偏差的程度、偏差影响面的大小和产生的原因，研究纠偏对策，提出对后期进度计划进行调整的建议，并在监理月报中向建设单位提交有关报告。

（3）监理工程师应随时了解施工进度计划实施过程中存在的问题，协助承包单位解决其无力解决的内、外部关系协调问题。

3．进度计划的调整

（1）当实际施工进度发生拖延，但可通过采取纠偏措施保证合同竣工时间时，监理工程师应要求承包单位制定赶工措施及调整后期进度计划报项目监理部审批。

（2）当实际施工进度发生拖延且显然影响工程项目按期竣工，监理工程师应及时审核承包单位报送的《工程延期申请表》及修改的进度计划，并将监理审核意见向建设单位报告，经建设单位认可后，由总监理工程师签认批准。承包单位应按经监理工程师确认的修改进度计划组织实施。

（3）若造成拖延的责任方是承包单位，虽然监理工程师确认了经修改而使工期有所推迟的新进度计划，但承包单位仍不能解除其应负的一切责任，而要承担赶工的全部额外开支和误期损失赔偿。

（4）若造成拖延的责任方不是承包单位，则监理工程师在《工程延期审批表》中批准延长新的竣工日期，并以此作为工程进度控制的依据。

二、质量控制

（一）质量控制概述

1．质量控制的依据

（1）国家和本地区（部门）有关工程建设的法律、法规、法令；

（2）设计规范和施工规范、规程、标准；

（3）施工图及相关技术文件；

（4）承包合同、供货合同、监理合同及其他有关合同、文件。

2. 质量控制的原则

（1）以质量预控为重点，对工程项目实施全过程的质量控制。

（2）以督促承包单位建立、健全质量管理和质量保证体系为重点，对工程项目建设的人、机、料、法、环等生产要素实施全方位的质量控制。

（3）未经监理工程师审核或经审核其承包资格不合格的承包单位、供货单位、人员不准承接施工、供货任务。

（4）未经监理工程师检验或经检验不合格的材料、构配件、设备不准在工程上使用。

（5）未经监理工程师验收或经验收不合格的工序不予签认，且承包单位不准转入下一道工序施工。

3. 质量控制的基本程序

（1）工程材料、构配件和设备质量控制基本程序见图6-2。

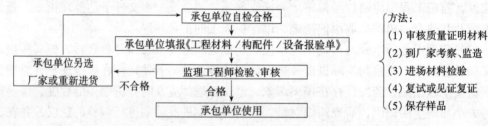

图6-2 材料、构配件和设备质量控制程序

（2）分项、分部工程质量控制基本程序见图6-3。

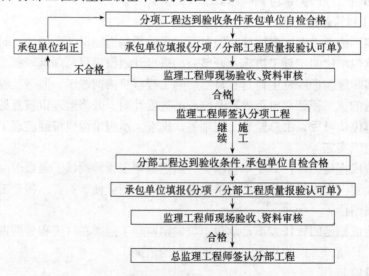

图6-3 分部分项工程质量控制程序

（3）单位工程竣工验收基本程序见图6-4。

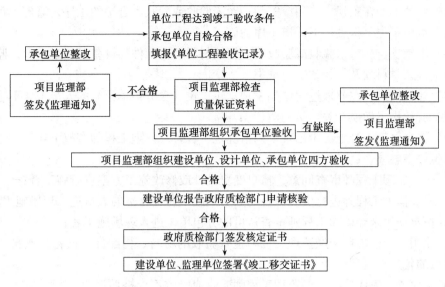

图 6-4　单位工程竣工验收程序

（二）质量控制的方法和手段

1. 质量控制的方法

（1）审核。监理工程师在分部、分项工程动工前应审核有关技术文件、报告和报表。审核的具体内容包括以下几方面：

1）审核承包单位的开工申请书；

2）审查设计图纸、设计变更、设计文件；

3）审定施工组织设计、施工方案、技术措施等；

4）审查分包单位的资质证明文件；

5）审查材料、构配件、设备的质量证明文件；

6）审核承包单位的反映工序质量动态统计资料或管理图表；

7）审批分项、分部和单位工程质量报验文件；

8）审核有关工程质量缺陷或质量事故的调查、处理报告等。

（2）现场检查和监督。监理工程师应对进场材料、构配件、设备和施工过程的质量状况进行巡视检查；应跟踪检查质量问题纠正过程；应对某些质量控制点的施工全过程或关键过程进行现场监督、检测。

（3）量测和试验。监理工程师应采用必要的量测和试验手段，验证材料、构配件、设备的质量及施工质量。

（4）分析和报告。监理工程师应收集、整理各种有关的质量记录，采用数理统计分析的方法，发现存在的质量问题，分析影响工程质量的主要因素，提出相应的纠偏措施，并定期（监理月报）或不定期向建设单位报告。

2. 质量控制的手段

（1）下达监理指令。监理工程师应通过工地会议和书面文件，及时发布监理指令，向承包单位指出施工中出现的质量问题，提出相应的要求和指示。承包单位应积极执行。

（2）拒绝签认。对未验收或验收不合格的材料、构配件、设备，监理工程师应拒绝签认，承包单位不得在工程中使用或安装；对未验收或验收不合格的工序，监理工程师应拒绝签认，承包单位不得进行下一道工序的施工。

(3) 拒绝支付。对未验收或验收不合格的材料、构配件、设备及施工质量，监理工程师应拒绝签认材料款及工程款支付证书。

(4) 建议撤换。在监理过程中如发现承包单位（含分包单位）的人员工作不称职，监理工程师有权提出撤换有关人员的建议。

(5) 下令停工。当施工中出现下列情况之一者，总监理工程师有权下达停工令，要求承包单位停工整改、返工：

1) 未经监理工程师审查同意，擅自变更设计或修改施工方案进行施工者；

2) 未经监理工程师进行资质审查的人员或经审查不合格的人员进入现场施工者；

3) 擅自使用未经监理工程师审查认可的分包单位进入现场施工者；

4) 使用不合格的或未经监理工程师检查验收的材料、构配件、设备或擅自使用未经审查认可的代用材料者；

5) 工序施工完成后，未经监理工程师验收或验收不合格而擅自进行下一道工序施工者；

6) 隐蔽工程未经监理工程师验收确认合格而擅自隐蔽者；

7) 施工中出现质量异常情况，经监理工程师指出后，承包单位未采取有效改正措施或措施不力、效果不好仍继续作业者；

8) 已发生质量事故迟迟不按监理工程师要求进行处理，或已发生质量缺陷、质量事故，如不停工则质量缺陷、质量事故将继续发展，或已发生质量事故，承包单位隐瞒不报，私自处理者。

总监理工程师下达停工令和复工令，应事先向建设单位报告。对拒不执行监理停工指令的行为，监理单位有权向政府建设主管部门报告。

(三) 质量控制的内容

1. 审查主要分部（分项）工程施工方案

(1) 对主要的或技术复杂的或采用新技术、新工艺的或在冬、雨期施工的分部、分项工程，项目监理部应要求承包单位编制专项施工方案，报审程序按第8.1.2条的规定执行。

(2) 承包单位编制上述专项施工方案时，应符合经项目监理部审定的施工组织设计的基本原则，并应具针对性和可操作性。

(3) 承包单位项目部技术部门应根据上述专项施工方案及其相关的操作规程和工艺标准，对操作人员进行技术交底。

(4) 承包单位应按监理单位审定批准的专项施工方案组织施工。

2. 审查设计变更

(1) 无论设计变更建议来自设计单位、建设单位、承包单位或监理单位，监理工程师均应进行审查。

(2) 监理工程师对设计变更的审查原则是：

1) 是否对施工图进一步明确、完善；

2) 是否进一步满足建设单位的设计要求；

3）是否满足规程、规范和验评标准的要求；

4）是否便于施工；

5）在技术经济上是否合理，对质量、工期和造价造成的影响是否在允许范围内；

6）监理工程师认为应该掌握的其他原则。

（3）经监理工程师审查，设计变更符合上述原则，在设计变更通知上签认。

（4）经监理工程师审查，设计变更不符合上述原则，监理工程师应提出合理化建议，与有关各方协商取得一致意见。

（5）设计变更经建设单位、设计单位、承包单位和监理单位四方签认后，分发有关各方执行。设计变更未经四方签认，承包单位不得施工。

3．查验测量放线

（1）承包单位在分部、分项工程测量放线完毕，应进行自检，合格后填写《施工测量放线报验单》，并附上放线的依据材料及放线成果表报送监理单位；

（2）监理工程师应对《施工测量放线报验单》进行审核；

（3）监理工程师应实地查验放线精度是否符合规范及标准要求，施工轴线控制桩的位置、轴线和高程的控制标志是否牢靠、明显等；

（4）经审核、查验合格，签认《施工测量报验单》。

4．审核施工试验室资格

（1）承包单位应填写《分包单位资格报审表》，将拟委托施工试验室的营业执照、企业资质等级证书，委托试验内容等有关资料报送项目监理部。监理工程师审核合格，签认《分包单位资格报审表》。

（2）承包单位利用本企业试验室时，应填写《承包单位通用申报表》，将试验室资质、委托试验内容、试验设备的规格、型号、数量及定期检定证明（法定检测部门）、试验室管理制度、试验员资格证书等有关资料报送项目监理部。监理工程师审核合格，签发《监理通知》予以确认。

（3）监理工程师认为必要时，可对试验室进行实地考察。

（4）监理工程师应对现场试验室的混凝土、砂浆试块养护条件进行实地考察。

5．查验进场材料、构配件和设备

（1）承包单位应对进场材料、构配件和设备进行自检、复试，合格后填写《材料/构配件/设备报验单》并附上相应的准用证明、出厂质量证明、复试结果等有关资料报监理单位审核、签认；

（2）对新材料、新产品、承包单位还应报送经有关部门鉴定、确认的证明文件；

（3）对进口材料、构配件和设备，承包单位还应报送进口商检证明文件；

（4）监理工程师应对进场材料、构配件和设备进行检查、测试或监理见证抽样复试；

（5）对进口材料、构配件和设备，应按照事先约定，由建设单位、承包单位、供货单位、监理单位及其他有关单位进行联合检查；

（6）经监理工程师审核，检查合格，签认《材料/构配件/设备报验单》。

6．审查混凝土、砌筑砂浆《配合比申请单和配合比通知单》，及《混凝土浇灌申请书》。

（1）承包单位在混凝土、砌筑分项工程动工前，应填写混凝土、砌筑砂浆《配合比申请单和配合比通知单》以及《混凝土浇灌申请单》，并附上有关资料报项目监理部审核；

（2）经监理工程师审核合格，签认混凝土、砌筑砂浆《配合比通知单》；

（3）经监理工程师对现场混凝土浇灌准备工作情况检查，具备浇灌条件，签认《混凝土浇灌申请》。

7. 检查进场主要施工设备

（1）凡直接影响工程质量的施工设备，如混凝土拌合系统、钢筋加工、焊接机械、钢结构焊接设备预应力张拉设备等，承包单位安装、调试合格后，应填写《进场设备报验单》，并附上有关技术说明、调试结果等资料，报项目监理部审核；

（2）施工用的衡器、量具、计量装置等设备，承包单位还应向项目监理部报审有关法定检测部门的检定证明；

（3）监理工程师应实地检查进场施工设备安装、调试情况，经审核、检查合格，签认《进场设备报验单》。

8. 监督检查承包单位的质保体系运行情况

（1）在施工过程中，监理工程师应经常监督、检查承包单位的质量管理和质量保证体系的运行情况。主要检查内容如下：

1）承包单位各管理部门，尤其是质量和技术管理部门是否正常、有效运行，总承包作用是否正常发挥；

2）承包单位各级管理人员尤其是质检人员是否配备到岗到位，其水平、能力、责任心是否满足施工要求；

3）承包单位各项管理制度尤其是"三检制"是否健全并得到有效贯彻；

4）承包单位是否积极执行监理工作程序和监理指令，能否正确填报各类报表；

5）承包单位对施工质量问题的反应能力、自我纠正和预防能力等。

（2）监理工程师应积极督促承包单位不断强化全员质量意识，帮助其健全和完善质量管理和质量保证体系，必要时应采取第 8.3.4 条第 2 款之手段，监控承包单位质量管理的运行。

9. 施工过程的检查和监督

（1）监理工程师应经常地、有目的地对承包单位的施工过程进行检查检测。主要检查内容如下：

1）是否按照施工图、设计变更及设计说明施工；

2）是否按照审定的施工方案及施工规程施工；

3）是否使用合格的材料、构配件和设备；

4）施工现场管理人员，尤其是质检人员是否到岗到位；

5）施工操作人员的技术水平、操作条件是否满足工艺操作要求、特种操作人员是否持证上岗；

6）施工计量是否准确；

7）施工环境是否对工程质量产生不利影响；

8）已施工部位是否存在质量缺陷、质量问题。

（2）监理工程师在现场检查时，发现违反合同技术规定，存在影响或可能影响工程质量的施工活动时，应及时向施工管理人员发出监理指令予以劝阻或制止。

（3）监理工程师对指出的质量问题，应跟踪检查承包单位的纠正过程，验证纠正结果，以消除质量隐患。

（4）对某些质量控制点，如隐蔽工程的隐蔽过程、工序施工完成后难以检查的关键环节或重点部位、工序施工完成后存在质量问题难以返工或返工影响大的关键环节或重点部位等，监理工程师应进行施工全过程或关键过程的现场监督、检测，以及时了解、记录施工作业的状况和结果，及时纠正出现的质量问题。

（5）对施工过程中出现的较大质量问题或质量隐患，监理工程师宜采用照相、摄影等手段予以记录。

10．中间施工检查和验收

（1）中间施工检查和验收包括工程施工预检、工序间交接检查和验收及隐蔽工程检查和验收。

（2）承包单位完成工程施工预检、工序作业或隐蔽工程作业并自检合格后，应填写《预检工程检查记录单》或《隐蔽工程检查记录》，并附上相关的质量保证资料，报送项目监理部。

（3）监理工程师应对《预检工程检查记录单》或《隐蔽工程记录》的全部资料进行检查，并应组织承包单位有关管理人员到现场进行检测、核查。

（4）对不合格的施工作业，监理工程师应签发《不合格项目通知单》，指令承包单位整改，合格后由监理工程师复查。

（5）经核查合格，监理工程师应签认《预检工程检查记录单》或《隐蔽工程检查记录》，承包单位方可进行下一道工序的施工。

11．分项工程检查和验收

（1）承包单位按施工方案完成分区或分层的分项工程施工并自检合格后，填写《分项/分部工程质量报验认可单》，并附上相关的质量保证资料如《预检工程检查记录单》、《隐蔽工程记录》、《分项工程质量检验评定表》等资料，报送项目监理部。

（2）监理工程师应对报验的《分项/分部工程质量报验认可单》的全部资料进行核查，并应组织承包单位的有关管理人员到现场进行抽检、核查。

（3）对符合要求的分项工程，监理工程师应签认《分项/分部工程质量报验认可单》，并评定质量等级（合格或优良）。

（4）对不符合要求的分项工程，监理工程师应签发《不合格项目通知》，指令承包单位整改，合格后，监理工程师应按质量评定标准进行签认和再评定。

（5）建筑采暖、卫生与燃气、电气、通风与空调及其他设备安装工程的分项工程签认，必须在检测、试验或试运转完成，并由承包单位自检合格后进行。

12．分部工程验收

（1）承包单位在分部工程完成后，应根据监理工程师签认和评定的分项工程质量评定结果，进行分部工程的质量等级汇总并自评后，填写《分项/分部工程质量报验认可单》，并附《分部工程质量检验评定表》，报项目监理部审核。

（2）监理工程师对分部工程质量评定资料的审核，应包括以下几方面的内容：

1）应核查分部工程所包含的全部分项工程均得到了监理工程师的签认和质量等级评定；

2）应核查分项工程质量等级统计汇总的准确性；

3）应核查各分项工程质量保证项目的评定的正确性。

（3）监理工程师在对分部工程质量评定资料进行全面、系统审核后，符合国家质量验评标准，签认并评定该分部的质量等级。

（4）承包单位完成单位工程的基础分部工程或主体结构分部工程并自检合格，在进行回填或装修前，应填写《基础/主体工程验收记录》，并附上相关的质量保证资料，报项目监理部审核。总监理工程师应组织建设单位、承包单位和设计单位共同核查承包单位的申报资料及进行现场质量检查，最后由各方签署验收意见。验收合格，各方代表在《基础/主体工程验收记录》上签字认可，承包单位方可进行回填或装修工程施工。

（5）根据单位工程实际情况，经各方协商确定，主体结构分部工程的验收可分段进行。

（四）竣工验收

1．竣工验收的准备

（1）当工程项目或单位工程全部完成时，总监理工程师应组织各专业监理工程师对本专业工程的质量情况进行全面检查、检测，对发现的影响竣工验收的问题，签发《监理通知》要求承包单位整改。

（2）对需要进行功能试验的工程项目（包括单机试车和无负荷试车），监理工程师应督促承包单位及时进行试验，并对重要项目进行现场监督、检查，必要时请建设单位和设计单位参加；监理工程师应认真审查试验报告单。

（3）监理工程师应督促承包单位搞好成品保护和现场清理。

（4）监理工程师应督促承包单位按国家有关规定整理竣工资料。

2．竣工预验收

（1）当工程项目或单位工程达到竣工验收条件，承包单位应在本企业自审、自查、自评工作完成后，填写《单位工程验收记录》，并将全部竣工资料报送项目监理部，申请竣工验收。

（2）总监理工程师应组织各专业监理工程师对竣工资料进行审查，对审查出的问题，应督促承包单位及时完善。

（3）总监理工程师应组织建设单位、设计单位、承包单位（必要时可请有关专家及部门参加）共同对工程进行检查，并签署验收意见。

（4）对四方验收时提出的必须进行整修的质量问题，总监理工程师应在承包单位整修完成后再验，直至达到国家（部门）质量标准和合同的要求。

（5）对某些剩余工程和缺陷工程，在不影响交付的前提下，经四方协商，承包单位应在竣工验收后的限定时间内完成。

（6）验收结果符合规定要求后，由四方在《单位工程验收记录》上签认，并评定工程质量等级。

3．正式竣工验收

（1）竣工预验收完成后，应由建设单位向负责验收的主管单位或部门提出竣工验收申请报告。

（2）监理工程师应参加由建设单位组织的正式竣工验收，并如实向负责验收的单位或部门提供其需要的相关监理资料，记录其检查出的问题。

（3）对验收时提出的必须进行整改的问题，监理工程师应督促承包单位及时整改直至达到要求，并将整改结果报送建设单位。

（4）正式竣工验收完成并收到主管验收的单位或部门的《工程质量核定证书》后，由建设单位和项目总监理工程师共同签署《竣工移交证书》，并由建设单位和监理单位盖章后，送交承包单位一份。工程项目进入保修期（缺陷责任期）。

（五）质量问题和质量事故的处理

（1）对发生的质量问题和质量事故，监理工程师应及时进行现场调查，并根据国家的有关规定，界定质量问题和质量事故的等级类别。

（2）对在施工过程中通过监理巡视和现场监督发现的质量不合格，监理工程师应按照第8.3.4条第2款的规定，及时发出监理指令，要求承包单位进行整改或返工予以纠正。

（3）对可以通过返修弥补的质量缺陷，总监理工程师应签发监理指令，要求承包单位先向项目监理部报送《质量问题调查报告》及《质量问题处理方案》，经监理工程师审核后（必要时经建设单位和设计单位认可），批复承包单位处理。监理工程师应跟踪检查处理情况，并验收处理结果。

（4）对需要返工处理或加固补强的质量问题，总监理工程师除应签发监理指令，要求承包单位报送《质量问题调查报告》、《质量问题处理意见》外，还应签发《工程部分暂停指令》。质量问题的技术处理方案应由原设计单位提出，或由设计单位书面委托承包单位或其他单位提出，由设计单位签认，经总监理工程师批复承包单位处理。监理工程师（必要时请建设单位和设计单位参加）应对处理过程和结果进行跟踪检查和验收。

（5）施工中发现的质量事故，承包单位应按国家的有关规定上报；项目总监理工程师应书面报告监理单位。

（6）项目监理部应将完整的质量问题和质量事故处理记录整理归档。

三、造价控制

（一）造价控制概述

1.工程造价控制的依据

（1）国家有关的经济法规和规定；

（2）国家和本地区（部门）现行工程概（预）算定额、费用定额、工期定额及其他有关文件；

（3）本地区工程造价管理机构定期发布的市场价格信息；

（4）建设工程施工合同及其他有关工程价格的协议；

（5）工程设计图纸、设计文件、设计变更及洽商；

（6）经监理工程师签认合格的《分项/分部工程质量报验单》及经建设单位和监理单位签发的《竣工移交证书》。

2.工程造价控制的原则

（1）应严格执行建设工程施工合同中所确定的合同价、单价、有关计价依据及所约定的工程款支付时间、方式。

（2）工程量和工作量的计算应符合有关的计算规则。

（3）应坚持对报验资料不全或未经监理工程师签认合格或与合同文件的约定不符的不

予审核和计量。

(4) 应坚持公正、合理地处理因合同变更、设计变更、违约索赔而引起的费用增减和工程延期。

(5) 应采取协商的方法处理有争议的工程量计量和工程款的计算；当协商无效，建设单位或承包单位按合同条款约定的办法提请有关部门调解、或申请仲裁、或向人民法院起诉时，监理单位应公正、客观地向调解部门、或仲裁机构、或人民法院提供有关证据。

3．工程造价控制的基本程序

(1) 月工程计量和工程款支付基本程序见图6-5。

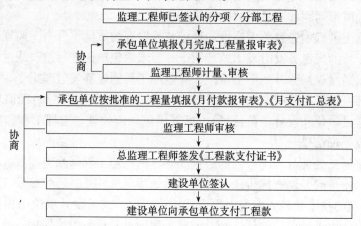

图6-5　月工程计量和工程款支付程序

(2) 竣工结算基本程序见图6-6。

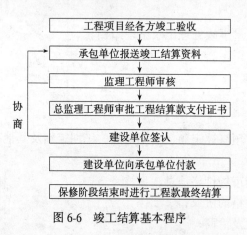

图6-6　竣工结算基本程序

报审表》、《（　　）月工、料、机动态表》、《（　　）月完成工程量报审表》、《（　　）月付款报审表》、《（　　）月支付汇总表》、《设计变更、洽商费用报审表》、《工程延期申请表》、《费用索赔申请表》等；

5）审核工程竣工结算资料。

(2) 分析与报告

1）监理工程师应进行风险分析，找出工程造价最易突破的部分、最易发生费用索赔的原因和部位，制定防范性对策，并向建设单位提交有关报告。

(二) 工程造价控制的方法

(1) 审核。监理工程师应审核有关的经济技术文件报告和报表。审核的具体内容包括以下几方面：

1）审核设计图纸、设计文件和设计变更；

2）审查施工组织设计、施工方案、技术措施；

3）审查承包单位编制的工程项目各阶段及各年、季、月度资金使用计划；

4）审核承包单位报送的《工程预付款

2）监理工程师应经常检查工程计量和工程款支付的情况，对实际发生值与计划控制值进行分析、比较，制定纠偏措施，并在监理月报上向建设单位报告。

3）监理工程师应对设计变更、洽商进行经济技术分析和比较，并向建设单位提出相关的合理化建议。

（3）积累资料。监理工程师应及时建立工程量和工作量台账，对工程造价进行跟踪控制；应全面收集、整理有关的施工和监理资料，为公正、合理处理索赔提供证据。

（4）协商。当有关各方对工程量计量、工作量计算、设计变更、洽商费用增减、索赔事由及费用发生异议时，监理工程师应积极组织各方协商，以合同约定为依据，以事实为证据，搞好协调工作。

（三）工程造价控制的内容

1. 工程量计量

（1）工程量计量原则上每月计量一次，计量周期为上月 26 日至本月 25 日。

（2）承包单位每月 26 日前，根据工程实际完成工程量及监理工程师签认的分项工程，填写《（ ）月完成工程量报审表》，并附上有关的资料，报送项目监理部。

（3）监理工程师应会同承包单位对现场实际完成情况进行计量（必要时应与承包单位协商），并对《（ ）月完成工程量报审表》进行复核，所计量的工程量应由监理工程师审核，由总监理工程师签认。

（4）对某些特定的分项、分部工程的计量方法，由建设单位、承包单位和项目监理部协商约定。

（5）对已发生的某些不可预见的工程量（如地基基础处理等），监理工程师应会同承包单位如实进行计量。

（6）未经监理工程师签认合格的工程量，或与设计图纸不符的工程量，或因承包单位自身原因造成返工的工程量等，监理工程师应拒绝计量。

2. 工程款支付

（1）工程预付款

1）承包单位填写《工程预付款报审表》，报送项目监理部。

2）经项目总监理工程师审核，符合建设工程施工合同的规定，应及时签发《工程预付款支付证书》。

3）监理工程师应按照建设工程施工合同的规定，及时抵扣工程预付款。

（2）月支付工程款

1）按月支付工程款（包括工程进度款、设计变更及洽商款、索赔款等）时，承包单位应根据监理工程师签认的工程量，根据建设工程施工合同所规定的计价方法计算工程款，并填写《（ ）月付款报审表》、《（ ）月支付汇总表》报送项目监理部。

2）当月若发生设计变更、洽商或索赔情况时，承包单位还应填写《设计变更、洽商费用报审表》或《费用索赔报审表》，并附上有关资料，报送项目监理部。

3）监理工程师应依据国家或本地区(部)的有关规定及建设工程施工合同的规定进行审核,确认应支付的工程进度款、设计变更及洽商款、索赔款等,应扣除的保留金、违约罚金等。

4）监理工程师审核后，由项目总监理工程师核定并签发《工程款支付证书》，报建设单位签认，并支付工程进度款。

5）当有关单位对项目监理部核定的工程进度款产生异议时，按第8.4.2条第5款处理。

3.竣工结算

（1）在工程项目或单位工程竣工，并由建设单位、监理单位签发《竣工移交证书》后，承包单位应在规定的时间内向项目监理部提交竣工结算资料。

（2）监理工程师应及时审核竣工结算资料，并与建设单位、承包单位协商和协调，提出审核意见。

（3）总监理工程师根据各方协商的结论，签发《工程竣工结算款支付证书》，报建设单位审核。

（4）建设单位收到总监理工程师签发的《工程竣工结算款支付证书》后，应及时按合同的约定，与承包单位办理竣工结算的有关事项。

第四节　施工合同管理

一、工程暂停及复工

（1）总监理工程师在签发工程暂停令时，应根据暂停工程的影响范围和影响程度，按照施工合同和委托监理合同的约定签发。

（2）在发生下列情况之一时，总监理工程师可签发工程暂停令：

①建设单位要求暂停施工、且工程需要暂停施工；②为了保证工程质量而需要进行停工处理；③施工出现了安全隐患，总监理工程师认为有必要停工以消除隐患；④发生了必须暂时停止施工的紧急事件；⑤承包单位未经许可擅自施工，或拒绝项目监理机构管理。

（3）总监理工程师在签发工程暂停令时，应根据停工原因的影响范围和影响程度，确定工程项目停工范围。总监理工程师在签发工程暂停令之前，应就有关工期和费用等事宜与承包单位进行协商。

（4）由于建设单位原因，或其他非承包单位原因导致工程暂停时，项目监理机构应如实记录所发生的实际情况。总监理工程师应在施工暂停原因消失、具备复工条件时，及时签署工程复工报审表，指令承包单位继续施工。

（5）由于承包单位原因导致工程暂停，在具备恢复施工条件时，项目监理机构应审查承包单位报送的复工申请及有关材料，同意后由总监理工程师签署工程复工报审表，指令承包单位继续施工。

（6）总监理工程师在签发工程暂停令到签发工程复工报审表之间的时间内，宜会同有关各方按照施工合同的约定，处理因工程暂停引起的与工期、费用等有关的问题。

二、工程变更的管理

（1）项目监理机构应按下列程序处理工程变更：

1）设计单位对原设计存在的缺陷提出的工程变更，应编制设计变更文件；建设单位或承包单位提出的工程变更，应提交总监理工程师，由总监理工程师组织专业监理工程师审查。审查同意后，应由建设单位转交原设计单位编制设计变更文件。当工程变更涉及安全、环保等内容时，应按规定经有关部门审定。

2）项目监理机构应了解实际情况和收集与工程变更有关的资料。

3）总监理工程师必须根据实际情况、设计变更文件和其他有关资料，按照施工合同的有关条款，在指定专业监理工程师完成下列工作后，对工程变更的费用和工期做出评估：

①确定工程变更项目与原工程项目之间的类似程度和难易程度；

②确定工程变更项目的工程量；

③确定工程变更的单价或总价。

4）总监理工程师应就工程变更费用及工期的评估情况与承包单位和建设单位进行协调。

5）总监理工程师签发工程变更单。变更单中应包括工程变更要求、工程变更说明、工程变更费用和工期、必要的附件等内容，有设计变更文件的工程变更应附设计变更文件。

6）项目监理机构应根据工程变更单监督承包单位实施。

(2) 项目监理机构处理工程变更应符合下列要求：

1）项目监理机构在工程变更的质量、费用和工期方面取得建设单位授权后，应按施工合同规定与承包单位进行协商，经协商达成一致后，总监理工程师应将协商结果向建设单位通报，并由建设单位与承包单位在变更文件上签字；

2）在项目监理机构未能就工程变更的质量、费用和工期方面取得建设单位授权时，总监理工程师应协助建设单位和承包单位进行协商，并达成一致；

3）在建设单位和承包单位未能就工程变更的费用等方面达成协议时，项目监理机构应提出一个暂定的价格，作为临时支付工程进度款的依据。该项工程款最终结算时，应以建设单位和承包单位达成的协议为依据。

(3) 在总监理工程师签发工程变更单之前，承包单位不得实施工程变更。

(4) 未经总监理工程师审查同意而实施的工程变更，项目监理机构不得予以计量。

三、费用索赔的处理

(1) 项目监理机构处理费用索赔应依据下列内容：

①国家有关的法律、法规和工程项目所在地的地方法规；②本工程的施工合同文件；③国家、部门和地方有关的标准、规范和定额；④施工合同履行过程中与索赔事件有关的凭证。

(2) 当承包单位提出费用索赔的理由同时满足以下条件时，项目监理机构应予以受理：

①索赔事件造成了承包单位直接经济损失；②索赔事件是由于非承包单位的责任发生的；③承包单位已按照施工合同规定的期限和程序提出费用索赔申请表，并附有索赔凭证材料。

(3) 承包单位向建设单位提出费用索赔，项目监理机构应按下列程序处理：

①承包单位在施工合同规定的期限内向项目监理机构提交对建设单位的费用索赔意向通知书；②总监理工程师指定专业监理工程师收集与索赔有关的资料；③承包单位在承包合同规定的期限内向项目监理机构提交对建设单位的费用索赔申请表；④总监理工程师初步审查费用索赔申请表，符合监理规范第6.3.2条所规定的3项条件时予以受理；⑤总监理工程师进行费用索赔审查，并在初步确定一个额度后，与承包单位和建设单位进行协商；⑥总监理工程师应在施工合同规定的期限内签署费用索赔审批表，或在施工合同规定

的期限内发出要求承包单位提交有关索赔报告的进一步详细资料的通知。

（4）当承包单位的费用索赔要求与工程延期要求相关联时，总监理工程师在作出费用索赔的批准决定时，应与工程延期的批准联系起来，综合作出费用索赔和工程延期的决定。

（5）由于承包单位的原因造成建设单位的额外损失，建设单位向承包单位提出费用索赔时，总监理工程师在审查索赔报告后，应公正地与建设单位和承包单位进行协商，并及时作出答复。

四、工程延期及工程延误的处理

（1）当承包单位提出工程延期要求符合施工合同文件的规定条件时，项目监理机构应予以受理。

（2）当影响工期事件具有持续性时，项目监理机构可在收到承包单位提交的阶段性工程延期申请表并经过审查后，先由总监理工程师签署工程临时延期审批表并通报建设单位。当承包单位提交最终的工程延期申请表后，项目监理机构应复查工程延期及临时延期情况，并由总监理工程师签署工程最终延期审批表。

（3）项目监理机构在做出临时工程延期批准或最终的工程延期批准之前，均应与建设单位和承包单位进行协商。

（4）项目监理机构在审查工程延期时，应依下列情况确定批准工程延期的时间：

①施工合同中有关工程延期的约定；

②工期拖延和影响工期事件的事实和程度；

③影响工期事件对工期影响的量化程度。

（5）工程延期造成承包单位提出费用索赔时，项目监理机构应按前述办法处理。

（6）当承包单位未能按照施工合同要求的工期竣工交付造成工期延误时，项目监理机构应按施工合同规定从承包单位应得款项中扣除误期损害赔偿费。

五、合同争议的调解

（1）项目监理机构接到合同争议的调解要求后应进行以下工作：

①及时了解合同争议的全部情况，包括进行调查和取证；

②及时与合同争议的双方进行磋商；

③在项目监理机构提出调解方案后，由总监理工程师进行争议调解；

④当调解未能达成一致时，总监理工程师应在施工合同规定的期限内提出处理该合同争议的意见；

⑤在争议调解过程中，除已达到了施工合同规定的暂停履行合同的条件之外，项目监理机构应要求施工合同的双方继续履行施工合同。

（2）在总监理工程师签发合同争议处理意见后，建设单位或承包单位在施工合同规定的期限内未对合同争议处理决定提出异议，在符合施工合同的前提下，此意见应成为最后的决定，双方必须执行。

（3）在合同争议的仲裁或诉讼过程中，项目监理机构接到仲裁机关或法院要求提供有关证据的通知后，应公正地向仲裁机关或法院提供与争议有关的证据。

六、合同的解除

（1）施工合同的解除必须符合法律程序。

（2）当建设单位违约导致施工合同最终解除时，项目监理机构应就承包单位按施工合同规定应得到的款项与建设单位和承包单位进行协商，并应按施工合同的规定从下列应得的款项中确定承包单位应得到的全部款项，并书面通知建设单位和承包单位：

①承包单位已完成的工程量表中所列的各项工作所应得的款项；

②按批准的采购计划订购工程材料、设备、构配件的款项；

③承包单位撤离施工设备至原基地或其他目的地的合理费用；

④承包单位所有人员的合理遣返费用；

⑤合理的利润补偿；

⑥施工合同规定的建设单位应支付的违约金。

（3）由于承包单位违约导致施工合同终止后，项目监理机构应按下列程序清理承包单位的应得款项，或偿还建设单位的相关款项，并书面通知建设单位和承包单位：

①施工合同终止时，清理承包单位已按施工合同规定实际完成的工作所应得的款项和已经得到支付的款项；

②施工现场余留的材料、设备及临时工程的价值；

③对已完工程进行检查和验收、移交工程资料、该部分工程的清理、质量缺陷修复等所需的费用；

④施工合同规定的承包单位应支付的违约金；

⑤总监理工程师按照施工合同的规定，在与建设单位和承包单位协商后，书面提交承包单位应得款项或偿还建设单位款项的证明。

（4）由于不可抗力或非建设单位、承包单位原因导致施工合同终止时，项目监理机构应按施工合同规定处理合同解除后的有关事宜。

第七章　施工项目后期管理

第一节　施工项目竣工验收

一、施工项目竣工验收的概念

施工项目竣工验收，是承包人按照建设工程施工合同的约定，完成设计文件和施工图纸规定的工程内容，经发包人组织竣工验收后办理的工程交接手续。

施工项目竣工验收是发包人和承包人的交易行为。交工的主体是承包人；验收的主体是发包人。

施工项目竣工验收不同于建设项目的竣工验收，绝对不能混为一谈。

建设项目竣工验收是动用验收，是指建设单位在建设项目按批准的设计文件所规定的内容全部建成后，向使用单位（国有资金建设的工程向国家）交工的过程。其验收程序是：整个建设项目按设计要求全部建成，经过第一阶段的竣工验收，符合设计要求，并具备竣工图、竣工结算、竣工决算等必要的文件资料后，由建设项目主管部门或建设单位，向负责验收的单位提出竣工验收申请报告，按现行验收组织规定，接受由银行、物资、环保、劳动、统计、消防及其他有关部门组成的验收委员会或验收组验收，办理固定资产移交手续。验收委员会或验收组负责审查建设的各个环节，听取各有关单位的工作报告，审阅工程技术档案资料，并实地查验建筑工程和设备安装情况，对工程设计、施工和设备质量等方面提出全面评价。

施工项目竣工验收只是局部验收或部分验收。其验收过程是：建设项目的某个单项工程已按设计要求建完，能满足生产要求或具备使用条件，施工单位就可以向建设单位发出竣工通知。建设单位接到施工单位的竣工通知后，在做好验收准备的基础上，组织施工、设计及建设等单位共同进行交工验收。验收合格后，建设单位与施工单位签订《竣工验收证书》。施工单位应在此同意向建设单位移交档案材料。施工项目验收和建设项目验收的区别可用表7-1表示。当建设项目规模较小、较简单时，可以把施工项目竣工验收与建设项目竣工验收合成一次进行。

两种竣工验收的区别　　　　　　　　　　　　　　　　　　表 7-1

验收类别	验收时间	验收主体	参加验收单位	验收目的	验收对象	两种验收关系
建设项目竣工验收	建设项目建成后	使用单位（国家）	建设单位、验收委员会	移交固定资产	整体项目验收	动用验收
施工项目竣工验收	单项工程完工后	建设单位	建设、设计、施工单位	移交建筑安装工程	单项工程（部分工程）验收	初步验收

施工项目竣工验收的意义有以下几点：

154

（1）竣工验收是施工阶段的最后环节，也是保证合同任务完成、提高质量水平的最后一个关口。通过竣工验收，全面综合考察工程质量，保证竣工项目符合设计、标准、规范等规定的质量标准要求。建筑法第 61 条规定，"交付竣工验收的建筑工程，必须符合建筑工程质量标准，有完整的工程技术资料和经签署的工程保修书，并具备国家规定的其他竣工条件"。

（2）做好施工项目竣工验收，可以促进建设项目及时投产，对发挥投资效益和积累、总结投资经验具有重要作用。

（3）施工项目的竣工验收，标志着施工项目经理部的一项任务的完成，可以接受新的项目施工任务。

（4）通过施工项目竣工验收整理档案资料，既能总结建设过程和施工过程，又能对使用单位提供使用、维修和扩建的根据，具有长久的意义。

竣工验收阶段应从什么时间开始，实际上并没有一个十分严格的标准和界限。许多有经验的施工管理人员和施工管理工程师，在实际施工管理工作中，都把收尾和竣工作为单独一项工作来进行。在一些大的或复杂的建筑工程的施工中，还拟订收尾竣工工作计划，制定出各种保证这一计划顺利实现的措施，乃至详细地列出工作日程和督促检查工作的重点，并把工作落实到人。其时间上限要按工程的具体情况而定，一般是在装修工程接近结束之时。工程规模较大或施工工艺比较复杂的工程，往往从进入装修工程的后期，即已开始了竣工收尾和各项竣工验收的准备工作。

这个阶段工作的特点是：大量的施工任务已经完成，小的修补任务却十分零碎；在人力和物力方面，主要力量已经转移，只保留少量的力量进行工程的扫尾和清理；在业务和技术人员方面，施工技术指导工作已经不多，却有大量的资料综合、整理工作要做。因此，在这个时期，项目经理必须把各项收尾、竣工准备和善后工作细致地抓好。

二、施工项目竣工验收条件和标准

（一）施工项目竣工验收条件

根据《建设工程质量管理条例》第 16 条规定，建设工程竣工验收应当具备下列条件：

（1）完成建设工程设计和合同规定的各项内容；

（2）有完整的技术档案和施工管理资料；

（3）有工程使用的主要建筑材料、建筑构配件和设备的进场试验报告；

（4）有勘察、设计、施工、工程监理等单位分别签署的质量合格文件；

（5）有施工单位签署的工程保修书。

以上所说的实质上就是施工项目的竣工验收条件。它不同于建设项目的竣工验收。

（二）建设项目竣工验收要求

国家计委发布的"计建设〔1990〕1215 号《建设项目（工程）竣工验收办法》"规定，建设项目竣工验收必须符合以下要求：

（1）生产性项目和辅助性公用设施，已按设计要求建完，能满足生产使用；

（2）主要工艺设备配套设施经联动负荷试车合格，形成生产能力，能够生产出主设计文件所规定的产品；

（3）必要的生活设施，已按设计要求建成；

（4）生产准备工作能适应投产的需要；

(5) 环境保护设施、劳动安全卫生设施、消防设施已按设计要求与主体工程同时建成使用。

(6) 有的建设项目（工程）基本符合竣工验收标准，只是零星土建工程和少数非主要设备未按设计规定的内容全部建成，但不影响正常生产，亦应办理竣工验收手续。对剩余工程，应按设计留足投资，限期完成。有的项目投产初期一时不能达到设计能力所规定的产量，不应因此拖延办理验收和移交固定资产手续。

(7) 有些建设项目和单项工程，已形成部分生产能力或实际上生产方面已经使用，近期不能按原设计规模续建的，应从实际情况出发，可缩小规模，报主管部门（公司）批准后，对已完成的工程和设备，尽快组织验收，移交固定资产。

(8) 国外引进设备项目，按合同规定完成负荷调试、设备考核合格后，进行竣工验收。其他项目在验收前是否要安排试生产阶段，按各个行业的规定执行。

(9) 已具备竣工验收条件的项目（工程），三个月内不办理验收投产和移交固定资产手续的，取消企业和主管部门（或地方）的基建试车收入分成，由银行监督全部上交财政。如三个月内办理竣工验收确有困难，经验收主管部门批准，可以适当延长期限。

(三) 施工项目交工验收标准

建筑施工项目的竣工标准有三种情况：

1. 生产性或科研性建筑工程施工项目验收标准

这个类型的建筑工程项目的竣工标准是：土建工程，水、暖、电气、卫生、通风工程（包括其室外的管线）和属于该建筑物组成部分的控制室、操作室、设备基础、生活间乃至烟囱等，均已全部完成，即只有工艺设备尚未安装者，即可视为房屋承包单位的工作达到交工标准，可进行交工验收。

这种类型建筑工程竣工的基本概念是：一旦工艺设备安装完毕，即可试运转乃至投产使用。

2. 民用建筑（即非生产科研性建筑）和居住建筑施工项目验收标准

这种类型的建筑施工项目的竣工标准是：土建工程，水、暖、电气、煤气、通风工程（包括其室外的管线），均已全部完成，电梯等设备亦已完成，达到水到灯亮，具备使用条件，即达到交工标准，可以组织交工验收。

这种类型建筑工程竣工的基本概念是：房屋建筑能够交付使用，住宅能够住人。

3. 具备下列条件的建筑施工项目，亦可按达到竣工标准处理

一是房屋室外或小区内之管线已经全部完成，但属于市政工程单位承担的干管干线尚未完成，因而造成房屋尚不能使用的建筑工程，房屋承包单位仍可办理竣工验收手续。二是房屋工程已经全部完成，只是电梯尚未到货或晚到货而未安装，或虽已安装但不能与房屋同时使用，房屋承包单位亦可办理竣工验收手续。三是生产性或科研性房屋建筑已经全部完成，只是因为主要工艺设计变更或主要设备未到货，因而只剩下设备基础未做的，房屋承包单位亦可办理竣工验收手续。

这种情况的建筑工程之所以视之为达到竣工标准，并组织竣工验收，是因为这些客观因素完全不是施工单位所能解决的，有时，解决这些问题往往需要很长时间，没有理由因这些客观因素而拒绝竣工验收，并把施工单位长期拖在那里。

凡是具有以下情况的建筑工程，一般不能算为竣工，亦不能办理竣工验收手续：

（1）房屋建筑工程已经全部完成并完全具备了使用条件，但被施工单位临时占用而未腾出，不能进行竣工验收。

（2）整个建筑工程已经全部完成，只是最后一道浆活未做，不能进行竣工验收。

（3）房屋建筑工程已经完成，但由于房屋建筑承包单位承担的室外管线并没完成，因而房屋建筑仍不能正常使用，不能进行竣工验收。

（4）房屋建筑已经完成，但与其直接配套的变电室、锅炉房等尚未完成，因而使房屋建筑仍不能正常使用，不能进行竣工验收。

（5）工业或科研性的建筑工程，有下列情况之一者，亦不能进行竣工验收：

1）因安装机器设备或工艺管道而使地面或主要装修尚未完成者；

2）主建筑的附属部分，如生活间、控制室等尚未完成者；

3）烟囱尚未完成。

以上三种情况都属于因主要配套工程未完成而使建筑物不能正常使用，皆应视为未达到竣工标准和要求，因而亦不能进行竣工验收。

三、施工项目的竣工验收管理程序和准备

（一）竣工验收管理程序

竣工验收阶段的管理应按下列程序依次进行：竣工验收准备→编制竣工验收计划→组织现场验收→进行竣工结算→移交竣工资料→办理竣工手续。

（二）竣工验收准备

（1）竣工验收准备是施工项目终结阶段的一项重要工作。竣工验收准备工作的深度，对工程能否顺利竣工有直接影响。项目经理负责该项工作，应抓好两项基础工作：

1）建立竣工收尾工作小组，做到因事设岗，以岗定责，实现收尾的目标。该小组由项目经理、技术负责人、技术人员、质量人员、计划人员、安全人员组成。

2）编制一个切实可行、便于检查考核的施工项目竣工收尾计划，该计划可按表7-2编制。

施工项目竣工收尾计划表　　　　　　　　　　　　　　表 7-2

序号	收尾工程名称	施工简要内容	收尾完工时间	作业班组	施工负责人	完工验证人

　　项目经理：　　　　　　技术负责人：　　　　　编制人：

（2）项目经理部要根据施工项目竣工收尾计划，检查其收尾的完成情况，要求管理人员做好验证记录，对重点内容进行重点检查，不使竣工验收留下隐患和遗憾而造成返工损失。检查重点是：收尾工程是否按计划完成；修复项目有无质量缺陷；成品保护措施是否符合要求；临时设施拆除和场地清理是否符合要求。

（3）项目经理部完成各项竣工收尾计划，应向企业报告，提请有关部门进行质量验收评定，对照标准进行检查。各种记录应齐全、真实、准确。需要监理工程师签署的质量文件，应提交其审核签认。实行总分包的项目，承包人应对工程质量全面负责，分包人应按质量验收标准的规定对承包人负责，并将分包工程验收结果及有关资料移交承包人。承包人与分包人对分包工程质量承担连带责任。

（4）承包人经过验收，确认可以竣工时，应向发包人发出竣工验收函件，报告工程交工准备情况，具体约定交付竣工验收的方式及有关事宜。

（三）建设项目竣工验收程序

按 1215 号文件的规定，建设项目的竣工验收程序如下：

（1）根据建设项目（工程）的规模大小和复杂程度，整个建设项目（工程）的验收可分为初步验收和竣工验收两个阶段进行。规模较大、较复杂的建设项目（工程），应先进行初验，然后进行全部建设项目（工程）的竣工验收。规模较小、较简单的项目（工程），可以一次进行全部项目（工程）的竣工验收。

（2）建设项目（工程）在竣工验收之前，由建设单位组织施工、设计及使用等有关单位进行初验。初验前由施工单位按照国家规定，整理好文件、技术资料，向建设单位提出交工报告。建设单位接到报告后，应及时组织初验。

（3）建设项目（工程）全部完成，经过各单项工程的验收，符合设计要求，并具备竣工图表、竣工决算、工程总结等必要文件资料，由项目（工程）主管部门或建设单位向负责验收的单位提出竣工验收申请报告。

（四）施工项目竣工验收的步骤

一般分两个步骤进行：一是由施工单位先行自验；二是正式验收，即由施工单位同建设单位、设计单位共同验收。

1. 竣工自验（或竣工预验）

（1）自验的标准应与正式验收一样，主要是：工程是否符合国家（或地方政府主管部门）规定的竣工标准和竣工口径；工程完成情况是否符合施工图纸和设计的使用要求；工程质量是否符合国家和地方政府规定的标准和要求；工程是否达到合同规定的要求和标准等等。

（2）参加自验的人员，应由项目经理组织生产、技术、质量、合同、预算以及有关的施工工长（或施工员、工号负责人）等共同参加。

（3）自验的方式，应分层分段、分房间地由上述人员按照自己主管的内容逐一进行检查。在检查中要做好记录。对不符合要求的部位和项目，确定修补措施和标准，并指定专人负责，定期修理完毕。

（4）复验。在基层施工单位自我检查的基础上，并对查出的问题全部修补完毕以后，项目经理应提请上级（如果项目经理是施工企业的施工队长级或工区主任级者，应提请公司或总公司一级）进行复验（按一般习惯，国家重点工程、省市级重点工程，都应提请总公司级的上级单位复验）。通过复验，要解决全部遗留问题，为正式验收做好充分的准备。

2. 正式验收

在自验的基础上，确认工程全部符合竣工验收标准，即可开始正式竣工验收工作。

（1）发出《工程竣工报告》。施工单位应于正式竣工验收之日的前 10 天，向建设单位发送《工程竣工报告》。其表式见表 7-3。

（2）组织验收工作。工程竣工验收工作由建设单位邀请设计单位及有关方面参加，同施工单位一起进行检查验收。列为国家重点工程的大型建设项目，往往由国家有关部委邀请有关方面参加，组成工程验收委员会，进行验收。

（3）签发《工程竣工验收报告》并办理工程移交。在建设单位验收完毕并确认工程符合竣工标准和合同条款规定要求以后，即应向施工单位签发《工程竣工验收报告》，其格式如表7-4。

（4）进行工程质量评定

（5）办理工程档案资料移交。

（6）办理工程移交手续。

在对工程检查验收完毕后，施工单位要向建设单位逐项办理工程移交手续和其他固定资产移交手续，并应签认交接验收证书。还要办理工程结算手续。工程结算由施工单位提出，送建设单位审查无误以后，由双方共同办理结算签认手续。工程结算手续一旦办理完毕，合同双方除施工单位承担工程保修工作以外，建设单位同施工单位双方（即甲、乙双方）的经济关系和法律责任即予解除。

工 程 竣 工 报 告 表 7-3

工程名称		建筑面积	
工程地址		结构类型	
建设单位		开、竣工日期	
设计单位		合同工期	
施工单位		造价	
监理单位		合同编号	

	项 目 内 容	施工单位自查意见
竣工条件自检情况	工程设计和合同约定的各项内容完成情况	
	工程技术档案和施工管理资料	
	工程所用建筑材料、建筑配件、商品混凝土和设备的进场试验报告	
	涉及工程结构安全的试块、试件及有关材料的试（检）验报告	
	地基与基础、主体结构等重要分部（分项）工程质量验收报告签证情况	
	建设行政主管部门、质量监督机构或其他有关部门责令整改问题的执行情况	
	单位工程质量自检情况	
	工程质量保修书	
	工程款支付情况	

经检验，该工程已完成设计和合同约定的各项内容，工程质量符合有关法律、法规和工程建设强制性标准。

项目经理：
企业技术负责人： （施工单位公章）
法定代表人： 年 月 日

监理单位意见：

总监理工程师： （公章）
年 月 日

工程概况	工程名称		建筑面积	m²
	工程地址		结构类型	
	层数	地上 层， 地下 层	总高	m
	电梯	台	自动扶梯	台
	开工日期		竣工验收日期	
	建设单位		施工单位	
	勘察单位		监理单位	
	设计单位		质量监督单位	
	工程完成设计与合同 所约定内容情况			
验收组织形式				
验收组组成情况	专业 建筑工程 采暖卫生和燃气工程 建筑电气安装工程 通风与空调工程 电梯安装工程 工程竣工资料审查			
竣工验收程序				
工程竣工验收意见	建设单位执行基本建设程序情况： 对工程勘察、设计、监理等方面的评价：			
项目负责人		建设单位	(公章) 年　月　日	
勘察负责人		勘察单位	(公章) 年　月　日	
设计负责人		设计单位	(公章) 年　月　日	
项目经理 企业技术负责人		施工单位	(公章) 年　月　日	
总监理工程师		监理单位	(公章) 年　月　日	

工程质量综合验收附件：
1. 勘察单位对工程勘察文件的质量检查报告；
2. 设计单位对工程设计文件的质量检查报告；
3. 施工单位对工程施工质量的检查报告，包括：单位工程、分部工程质量自检纪录，工程竣工资料目录自查表，建筑材料、建筑构配件、商品混凝土、设备的出厂合格证和进场试验报告的汇总表，涉及工程结构安全的试块、试件及有关材料的试（检）验报告汇总表和强度合格评定表，工程开、竣工报告；
4. 监理单位对工程质量的评估报告；
5. 地基与勘察、主体结构分部工程以及单位工程质量验收记录；
6. 工程有关质量检测和功能性试验资料；
7. 建设行政主管部门、质量监督机构责令整改问题的整改结果；
8. 验收人员签署的竣工验收原始文件；
9. 竣工验收遗留问题的处理结果；
10. 施工单位签署的工程质量保修书；
11. 法律、规章规定必须提供的其他文件

四、施工项目竣工资料

(1) 工程竣工资料的内容,必须真实反映施工项目管理全过程的实际,资料的形成应符合其规律性和完整性,做到图物相符、数据准确、齐全可靠、手续完备、相互关联紧密。工程竣工资料的质量必须符合《科学技术档案案卷构成的一般要求》(GB/T 11822—89)的规定。

(2) 工程竣工资料的收集和管理,应建立制度,根据专业分工的原则,实行科学收集,定向移交,归口管理,并符合标识,编目、查阅、保管等程序文件的要求。要做到竣工资料不损坏、不变质和不丢失,组卷时符合规定。

(3) 工程竣工资料的分类及组卷方式如下:

1) 工程技术档案资料是施工全过程的真实记录,是交付竣工验收后工程维修、扩建、改造、更新的重要档案资料。其收集整理可按资料形成的规律性进行组卷,主要内容是:①开工报告、竣工报告;②项目经理、技术人员聘任文件;③施工组织设计;④图纸会审设计;⑤技术交底纪录;⑥设计变更通知;⑦技术核定单;⑧地质勘察报告;⑨定位测量记录;⑩基础处理记录;⑪沉降观测记录;⑫防水工程抗渗试验记录;⑬混凝土浇灌令;⑭商品混凝土供应记录;⑮工程复核记录;⑯质量事故处理记录;⑰施工日志;⑱建设工程施工合同,补充协议;⑲工程质量保修书;⑳工程预(结)算书;㉑竣工项目一览表;㉒施工项目总结等。

2) 工程质量保证资料的收集和整理,应包括原材料、构配件、器具及设备等的质量证明和进场材料试验报告等,这些资料全面反映了施工全过程中质量的保证和控制情况。各专业工程质量保证资料的主要内容是:

土建工程主要质量保证资料:①钢材出厂合格证、试验报告;②焊接试(检)验报告、焊条(剂)合格证;③水泥出厂合格证或报告;④砖出厂合格证或试验报告;⑤防水材料合格证或试验报告;⑥构件合格证;⑦混凝土试块试验报告;⑧砂浆试块试验报告;⑨土壤试验、打(试)桩记录;⑩地基验槽记录;⑪结构吊装、结构验收记录;⑫工程隐蔽验收记录;⑬中间交接验收记录等。

建筑采暖卫生与煤气工程主要质量保证资料:①材料、设备出厂合格证;②管道、设备强度、焊口检查和严密性试验记录;③系统清洗记录;④排水管灌水、通水、通球试验记录;⑤卫生洁具盛水试验记录;⑥锅炉烘炉、煮炉、设备试运转记录等。

建筑电气安装主要质量保证资料:①主要电气设备、材料合格证;②电气设备试验、调整记录;③绝缘、接地电阻测试记录;④隐蔽工程验收记录等。

通风与空调工程主要质量保证资料:①材料、设备出厂合格证;②空调调试报告;③制冷系统检验、试验记录;④隐蔽工程验收记录等。

电梯安装工程主要质量保证资料:①电梯及附件、材料合格证;②绝缘、接地电阻测试记录;③空、满、超载运行记录;④调整、试验报告等。

3) 工程检验评定资料的收集和整理,应按现行建设工程质量标准对单位工程、分部工程、分项工程及室外工程的规定执行。进行分类组卷时,工程检验评定资料应包括以下内容:①质量管理体系检查记录;②分项工程质量验收记录;③分部工程质量验收记录;④单位工程竣工质量验收记录;⑤质量控制资料检查记录;⑥安全和功能检验资料核查及抽查记录；⑦观感质量综合检查记录等。

（4）工程竣工图应逐张加盖"竣工图"章的标志。"竣工图"章的内容应包括：发包人、承包人、监理人等单位名称，图纸编号，编制人，审核人，负责人，编制时间等。编制时间应区别以下情况：

1）没有变更的施工图，由承包人在原施工图上加盖"竣工图"章标志作为竣工图。

2）在施工中虽有一般性设计变更，但能将原施工图加以修改补充作为竣工图的，可不重新绘制，由承包人在原施工图上注明修改部分，附以设计变更通知单和施工说明，加盖"竣工图"章标志作为竣工图。

3）结构形式改变、工艺改变、平面布置改变、项目改变以及其他重大改变，不宜在原施工图上修改、补充的，责任单位应重新绘制改变后的竣工图，承包人负责在新图上加盖"竣工图"章标志作为竣工图。

4）涉及重大改建、扩建项目的施工图，应与技术档案资料统一整理，并在案卷中增加必要的说明。

除上述四种情况之外，竣工图必须做到以下三点：

①竣工图必须与竣工工程的实际情况完全符合。

②竣工图必须保证绘制质量，做到规格统一，字迹清晰，符合技术档案的各种要求。

③竣工图必须经过施工单位主要技术负责人审核、签认。

（5）承包人在竣工验收时，应按国家有关竣工验收的规定，向发包人提供完整的工程竣工资料。实行总分包的工程竣工资料，由分包人提供分包工程的竣工资料，承包人负责工程竣工资料的汇总装订工作。工程竣工资料的组卷应按前述要求进行装订。移交时应与工程竣工资料目录相符，交接手续应完备。工程竣工资料目录如表7-5所示。

工程竣工资料目录　　　　　　　　　　　　　　　　　　　表 7-5

工程名称		施工单位		
序号	资料名称	份数	页数	备注

五、竣工验收管理

（1）以单位工程为对象单独签订施工合同的工程，竣工后可单独进行竣工验收。在一个单位工程中，征得发包人同意，可将能满足规定竣工要求的专业工程进行分阶段竣工验收。

（2）单项工程竣工验收应是建设项目竣工验收的基础，凡按设计文件和施工图纸要求完成，能满足生产需要或具备使用条件，并符合其他竣工验收条件要求的，则以单项工程为对象进行竣工验收。

（3）整个建设项目已按设计要求全部建设完成，符合规定的建设项目竣工验收标准，由发包人组织设计、施工、监理等单位进行建设项目竣工验收，但对已中间竣工并办完移交手续的单项工程，不再重复进行竣工验收。

（4）竣工验收应依据下列文件：

①批准的设计文件、施工图纸及说明书；②双方签订的施工合同；③设备技术说明书；④设计变更通知书；⑤施工验收规范及质量验收标准；⑥外资工程应依据从国外引进的技术、成套项目的合同以及国外的设计文件、图纸、规范、标准等。

（5）竣工验收应具备下列条件：

①设计文件和合同约定的各项施工内容已经施工完毕；②有完整并经核定的工程竣工资料，符合验收规定；③有勘察设计、施工、监理等单位签署确认的工程质量合格文件；④有工程使用的主要建筑材料、构配件和设备进场的证明及试验报告。

（6）竣工验收的工程必须符合下列工程质量和竣工验收标准的规定：

①合同约定的工程质量标准；②单位工程质量竣工验收的合格标准；③单项工程达到使用条件或满足生产要求；④建设项目能满足建成投入使用或生产的各项要求。

（7）承包人确认工程竣工、具备交工验收各项要求，并已经监理方认定签署意见，应向发包人提交《工程竣工报告》。发包人收到《工程竣工报告》后，应在约定的时间和地点，组织有关单位进行竣工验收。

（8）发包人组织勘察、设计、施工、监理等单位，按照竣工验收程序，对工程进行核查并做出验收结论，形成《工程竣工验收报告》。参与竣工验收的各方负责人应在竣工验收报告上签字并盖单位公章。

（9）通过竣工验收程序，办完竣工结算后，承包人应在规定期限内向发包人办理工程移交手续。

第二节　施工项目产品回访与保修

一、施工项目产品回访与保修的意义

施工项目产品的回访保修制度是施工项目产品在竣工验收交付使用后，在保修期限内由施工单位主动到建设单位或用户进行回访，对工程发生的确实是由于施工单位施工责任造成的建筑物使用功能不良或无法使用的问题，由施工单位负责修理，直至达到正常使用的标准。

回访保修制度属于工程竣工后管理范畴，体现了工程承包者对工程负责到底的精神，体现了社会主义企业"为人民服务，对用户负责"的宗旨。1983年国家计委颁发的《施工企业为用户负责守则》中明确规定，施工企业必须做到：施工前为用户着想，施工中对用户负责，竣工后让用户满意，"积极搞好'三保'（保试运，保投产，保使用）和回访保修"。《建设工程质量管理条例》规定："建设工程实行质量保修制度。承包单位在向建设单位提交竣工验收报告时，应向建设单位出具质量保修书。质量保修书中应当明确建设工程的保修范围、保修期限和保修责任等。"建筑业企业必须贯彻上述规定精神，并在建设项目交付使用后，按《工程质量保修书》的承诺，认真进行回访与保修。

进行施工项目产品回访保修的意义是：

（1）有利于施工单位重视管理，加强责任心，搞好工程质量，不留隐患，树立向人民和用户提供优质工程的良好作风。

（2）有利于及时听取用户意见，发现问题，找到工程质量的薄弱环节和工程质量通病，不断改进施工工艺，总结施工经验，提高施工、技术和质量管理水平，保证建筑工程使用功能的正常发挥。

（3）有利于加强施工单位同建设单位和用户的联系和沟通，增强建设单位和用户对施工单位的信任感，提高施工单位的社会信誉。

二、施工项目产品保修范围

保修范围应在《工程质量保修书》中具体约定。根据《房屋建筑工程质量保修书（示范文本）》的要求，工程质量保修范围是"地基基础工程、主体结构工程，屋面防水工程、有防水要求的卫生间、房间和外墙面的防渗漏，供热与供冷系统，电气管线、给排水管道、设备安装和装修工程以及双方约定的其他项目"。保修书中要具体商定保修的内容。总之工程的各部位都应实行保修，具体内容应是由于施工单位的责任或者施工质量造成的问题。就过去已发生的情况分析，一般包括以下几方面：

（1）屋面、地下室、外墙、阳台、厕所、浴室、厨房以及厕浴间等处渗水、漏水者。

（2）各种通水管道（包括自来水、热水、污水、雨水等）漏水者，各种气体管道漏气以及通气孔和烟道不通者。

（3）水泥地面有较大面积的空鼓、裂缝或起砂者。

（4）内墙抹灰有较大面积起泡，乃至空鼓脱落或墙面浆活起碱脱皮者，外墙粉刷自动脱落者。

（5）暖气管线安装不良，局部不热，管线接口处及卫生器具接口处不严而造成漏水者。

（6）其他由于施工不良而造成的无法使用或使用功能不能正常发挥的工程部位。

凡是由于用户使用不当而造成建筑功能不良或损坏者，不属于保修范围；凡属工业产品项目发生问题，亦不属保修范围。以上两种情况应由建设单位自行组织修理。

三、保修期

根据《建设工程质量管理条例》第 40 条规定，建设工程的最低保修期限为：

（1）基础设施工程、房屋建筑的地基基础工程和主体结构工程，为设计文件规定的该工程的合理使用年限。

（2）屋面防水工程、有防水要求的卫生间、房间和外墙面的防渗漏，为 5 年。

（3）供热与供冷系统，为 2 个采暖期、供冷期。

（4）电气管线、给排水管道、设备安装和装修工程，为 2 年。

其他项目的保修期限由发包方与承包方约定。

建设工程的保修期，自验收合格之日起计算。

四、保修责任与做法

1. 保修责任

以房屋建筑工程为例，保修责任如下：

属于保修范围、保修内容的项目，承包人应当在接到保修通知之日起 7 天内派人保修。承包人不在约定期限内派人保修的，发包人可以委托他人修理。发生紧急抢修事故的，承包人在接到事故通知后，应立即到达施工现场抢修。对于涉及结构安全的质量问题，应当立即向当地建设行政主管部门报告，采取安全防范措施；由原设计单位或者具有相应资质等级的设计单位提出保修方案，承包人实施保修。

2．保修做法

（1）发送保修证书（或称《房屋保修卡》）

在工程竣工验收的同时（最迟不应超过 3 天到一周），由施工单位向建设单位发送《房屋建筑工程质量保修书》。保修书的主要内容包括：工程质量保修范围和内容、质量保修期、质量保修责任、保修费用以及双方约定的其他事项。此外，保修书还应附有保修单位（即施工单位）的名称、详细地址、电话、联系接待部门（如科、室）和联系人，以便于建设单位联系。

（2）要求检查和修理

在保修期内，建设单位或用户发现房屋的使用功能不良，或是由于施工质量而影响使用者，可以用口头或书面方式通知施工单位的有关保修部门，说明情况，要求派人前往检查修理。施工单位必须尽快地派人前往检查，并会同建设单位共同做出鉴定，提出修理方案，并尽快地组织人力物力进行修理。

（3）验收

在发生问题的部位或项目修理完毕以后，要在保修书的"保修记录"栏内做好记录，并经建设单位验收签认，以表示修理工作完结。涉及结构安全的，应当报当地建设行政主管部门备案。

3．经济责任的处理

由于建筑工程情况比较复杂，不像其他商品单一性强，有些修理项目往往是由多种原因造成的。因此，在经济责任处理上必须根据修理项目的性质、内容以及结合检查修理诸种原因的实际情况，由建设单位和施工单位共同商定经济处理方法，一般地有以下几种：

（1）修理项目确属由于施工单位施工责任造成的，或遗留的隐患，则由施工单位承担全部检修费用。

（2）修理项目是由于建设单位和施工单位双方的责任造成的，双方应实事求是地共同商定各自承担的修理费用。

（3）修理项目是由于建设单位的设备、材料、成品、半成品等质量不好等原因造成的，则应由建设单位承担全部修理费用。

（4）涉外工程的保修问题，除按照上述办法修理外，还应依照原合同条款的有关规定执行。

（5）在保修期限内，因房屋建筑工程的质量缺陷造成人身、财产损失的，由受损失人向建设单位提出赔偿要求。建设单位向责任方追偿。因保修不及时造成新的人身、财产损害，由造成拖延的责任方承担赔偿责任。

（6）属于发包人供应的材料、构配件或设备不合格而明示或暗示承包人使用所造成的质量缺陷，由发包人自行承担经济责任。因发包人肢解发包或指定分包人，致使施工中接口处理不好，造成工程质量缺陷，或因竣工后自行改建造成工程质量问题的，应由发包人或使用人自行承担经济责任。

（7）凡因地震、洪水、台风等不可抗力原因造成损坏，或非施工原因造成的紧急抢修事故，施工单位不承担经济责任。

（8）不属于承包人责任，但使用人有意委托进行修理维护时，承包人应为使用人提供修理维护等服务，并在协议中约定。

（9）工程超过合理使用年限后，使用人需要继续使用的，承包人根据有关法规和鉴定资料，采取加固、维修措施时，应按设计使用年限，约定质量保修期限。

（10）发包人与承包人协商，根据工程合理使用年限采用保修保险方式，投入并已解决保险费来源的，承包人应按约定的保修承诺，履行保修职责和义务。

五、回访实务

1. 回访计划与记录

回访应纳入承包人的工作计划、服务控制程序和质量体系文件中。回访工作计划包括以下内容：①主管回访保修业务的部门。②回访保修的执行单位。③回访的对象（发包人或使用人）及其工程名称。④回访时间安排和主要内容。⑤回访工程的保修期限。

每次回访结束，执行单位应填写回访记录；全部回访结束，要编写回访服务报告。主管部门应依据回访记录对回访服务的实施效果进行验证。

2. 回访的方式

回访工程的方式一般有四种：一是季节性回访，大多数是雨季回访屋面、墙面的防水情况，排水工程和通风工程情况，冬期回访锅炉房及采暖系统的情况。发现问题立即采取有效措施，及时加以解决。二是技术性的回访，主要了解在工程施工过程中所采用的新材料、新技术、新工艺、新设备等的技术性能和使用后的效果以及技术状态，发现问题及时加以补救和解决；这样也便于总结经验，获取科学依据，不断改进与完善，并为进一步推广创造条件。这种回访既可定期进行，也可以不定期地进行。三是保修期满前的回访，这种回访一般是在保修即将届满之前进行回访，既可以解决出现的问题，又标志着保修期即将结束，使建设单位注意建筑物的维护和使用。四是对特殊工程进行专访。

3. 回访的方法

应由施工单位的领导组织生产、技术、质量、水电（也可以包括合同、预算）等有关方面的人员进行回访，必要时还可以邀请科研方面的人员参加。回访时，可由建设单位组织座谈会或由施工单位召开意见听取会，并察看建筑物和设备的运转情况等。回访必须认真，必须解决问题，并应做出回访记录，必要时应写出回访纪要。不能把回访当成形式或走过场。

第三节　施工项目结算

一、施工项目结算的意义

施工项目结算是指施工项目实施过程中，项目经理部与建设单位进行的工程进度款结算与竣工验收后的最终结算。结算的主体是施工方。结算的目的是施工单位向建设单位索要工程款，实现商品"销售"。

施工项目的结算，对于施工单位及时取得流动资金、加速资金周转、保证施工正常进行、缩短工期、使施工单位取得应得利益等，都具有非常重要的意义。

施工项目结算的主要依据是施工单位与建设单位签订的工程施工合同中规定的工程造价、工程开、竣工日期、材料供应方式、工程价款结算方式，还有施工进度计划、施工图预算及国家关于工程结算的有关规定等。

二、工程价款结算方式

(1) 工程价款的结算方式一般有以下几种：

1) 按月结算。即实行旬末或月中预支，月终结算，竣工后清算的办法。跨年度施工的工程，在年终进行工程盘点，办理年度结算。

2) 竣工后一次结算。建设项目或单项工程全部建筑安装工程建设期在 12 个月以内，或者工程承包合同价值在 100 万元以下的，可以实行工程价款每月月中预支，竣工后一次结算。

3) 分段结算。即当年开工，当年不能竣工的单项工程或单位工程按照工程形象进度，划分不同阶段进行结算。分段的划分标准，由各部门或省、自治区、直辖市、计划单列市规定，分段结算可以按月预支工程款。

4) 结算双方约定并经开户银行同意的其他结算方式。实行竣工后一次结算和分段结算的工程，当年结算的工程款应与年度完成工作量一致，年终不另清算。

(2)《建设工程施工合同（示范文本）》(GF—1999—0201) 以下简称《示范文本》第 24 条规定了预付款的支付方式：

实行工程预付款的，双方应当在专用条款内约定发包人向承包人预付款的时间和数额，开工后按约定的时间和比例逐次扣回。预付时间应不迟于约定的开工日期前 7 天。发包人不按约定预付，承包人在约定预付时间 7 天后向发包人发出要求预付的通知，发包人收到通知后仍不能按要求预付，承包人可在发出通知后 7 天停止施工，发包人应从约定应付之日起向承包人支付应付款的贷款利息，并承担违约责任。

(3)《示范文本》第 26 条规定，"在确认计量结果后 14 天内，发包人应向承包人支付工程款（进度款）。按约定时间发包人应扣回的预付款，与工程款（进度款）同期结算。发包人超过约定的支付时间不支付工程款（进度款），承包人可向发包人发出要求付款通知，发包人收到承包人通知后仍不能按要求付款，可与承包人协商签订延期付款协议，经承包人同意后可延期支付。协议应明确延期支付的时间和从计量确认后第 15 天起计算应付的贷款利息"。

(4)《示范文本》第 33 条规定，"工程竣工验收报告经发包人认可后 28 天内，承包人向发包人递交竣工结算报告及完整的结算资料，双方按照协议书约定的合同价款及专用条款约定的合同价款调整内容，进行工程竣工结算。发包人收到承包人递交的竣工结算报告及结算资料后 28 天内进行核实，给予确认或者提出修改意见。发包人确认竣工结算报告后通知经办银行向承包人支付工程竣工结算价款。承包人收到竣工结算价款后 14 天内将竣工工程交付发包人。发包人收到竣工结算报告及结算资料后 28 天内无正当理由不支付工程竣工结算价款，从第 29 天起按承包人同期向银行贷款利率支付拖欠工程价款的利息，并承担违约责任。发包人收到竣工结算报告后 28 天内不支付工程竣工结算价款，承包人可以催告发包人支付结算价款。发包人在收到竣工结算报告及结算资料后 56 天内仍不支付的，承包人可以与发包人协议将该工程折价，也可以由承包人申请人民法院将该工程依法拍卖，承包人就该工程折价或者拍卖的价款优先受偿。工程竣工验收报告经发包人认可后 28 天内，承包人未能向发包人递交工程结算资料，造成工程竣工结算不能正常进行或工程竣工结算价款不能及时支付，发包人要求交付工程的，承包人应当交付；发包人不要求交付的，承包人承担保管责任"。

三、施工项目结算依据

1. 进度款的结算依据

进度款的结算依据是经确认的工程量。《示范文本》第25条规定，"承包人应按专用条款约定的时间，向工程师提交已完工程量的报告。工程师接到报告后7天内按设计图纸核实已完工程量，并在计量前24小时通知承包人，承包人为计量提供便利条件并派人参加。承包人收到通知后不参加计量，计量结果有效，作为工程价款支付的依据。工程师收到承包人报告后7天内未进行计量，从第8天起，承包人报告中开列的工程量即认为被确认，作为工程价款支付的依据。工程师不按约定时间通知承包人，致使承包人未能参加计量，计量结果无效。对承包人超出设计图纸范围和因承包人原因造成返工的工程量，工程师不予计量"。

2. 竣工结算的依据

竣工结算应依据下列资料：

施工合同；中标投标书的报价单；施工图设计及设计变更通知单、施工变更记录、技术经济签证；取费定额及调价规定；有关技术资料；竣工验收报告，工程保修书；其他有关资料。

四、施工项目竣工结算实务

（1）项目经理部应做好竣工结算基础工作，指定专人对竣工结算书的内容进行检查，重点如下：

1）开工前的施工准备和"三通一平"的费用计算是否准确；

2）钢筋混凝土结构工程中含钢量是否按规定进行了调整；

3）加工订货的项目、规格、数量、单价与施工图预算及实际安装的规格、数量、单价是否相符；

4）特殊工程中使用的特殊材料的单价有无变化；

5）施工变更记录、技术经济签证与预算调整是否相符；

6）分包工程费用支出与预算收入是否相符；

7）施工图纸要求与实际施工是否相符；

8）工程量有无漏算、多算或计算失误。

（2）企业预算主管部门在编制竣工结算报告和结算资料时，应坚持以下原则：

1）以单位工程或合同约定的专业项目为基础，对原报价单的主要内容进行检查和核对；

2）发现有漏算、多算或计算误差的，应当及时进行调整；

3）若施工项目由多个单位工程构成，应将多个单位工程竣工结算书汇总，编制成单项工程竣工综合结算书；

4）由多个单项工程构成的建设项目，应将多个单项工程竣工综合结算书汇编成建设项目总结算书，并撰写编制说明。

（3）承包人办理工程价款结算时，应填制统一规定的"工程价款结算账单"见表7-6，经发包人审查签证后，通过开户银行办理结算。

（4）建设工程价款可以使用期票结算。发包人按发包工程投资总额将资金一次或分次存入开户银行，在存款总额内开出一定期限的商业汇票，经其开户行承兑后，交承包人，承包人到期持票到开户银行申请付款。

工程价款结算账单   表 7-6

建设单位名称：　　　　　　　　　　　　　　年　月　日　　　　　　　　　　　　　　单位：元

单项工程项目名称	合同预算		本期应收工程款	应抵扣款项					本期实收款	备料款余额	本期止已收工程价款累计	说明
	价值	其中：计划利润		合计	预支工程款	备料款	建设单位供给材料价款	各种往来款				
1	2	3	4	5	6	7	8	9	10	11	12	13

施工企业　　（签章）　　　　　　　　　　　　　　　　　　　　财务负责人：　　（签章）

说明：（1）本账单由承包单位在月终和竣工结算工程价款时填列。送建设单位和经办行各一份。

　　　（2）第 4 栏"应收工程款"应根据已完工程月报数填列。

（5）承包人将承包的工程分包给其他分包人的，其工程款由承包人统一向发包人办理结算。

（6）承包人预支工程款时，应根据工程进度填列"工程价款预支账单"，见表 7-7，送发包人和银行办理付款手续，预支的款项应在月终和竣工结算时抵充应收的工程款。

工程价款预支账单   表 7-7

建设单位名称：　　　　　　　　　　　　　　年　月　日　　　　　　　　　　　　　　单位：元

单项工程项目名单	合同预算价值	本旬（或半月）完成数	本旬（或半月）预支工程款	本月预支工程款	应扣预收款项	实支款项	说明
1	2	3	4	5	6	7	8

施工企业：　　　　（签章）　　　　　　　　　　　　　　　　　财务负责人　　（签章）

说明：（1）本账单由承包单位在预支工程款时编制。送建设单位和经办行各一份。

　　　（2）承包单位在旬末或月中预支款项时，应将预支数额填入第 4 栏内；所属按月预支、竣工后一次结算的，应将每次预支款项填入第 5 栏内。

　　　（3）第 6 栏"应扣预收款"包括备料款等。

（7）实行预付款结算，每月终了，应根据当月实际完成的工程量、合同单价和取费标准，计算已完工程价值；编制"工程价款结算账单"和"已完工程月报表"，见表 7-8，送建设单位和开户银行办理结算。

（8）施工期间，不论工期长短，其结算价款一般不得超过承包工程合同价值的 95％，结算双方可以在 5％的幅度内协商确认尾款比例，并在工程承包合同中订明，尾款应专户存入银行，工程竣工验收后清算。

承包人已向发包人出具履约保函或有其他保证的，可以不留工程尾款。

（9）承包人收取备料款和工程款时，可以按规定采用汇兑、委托收款、汇票、本票、支票等各种结算手段。

（10）工程竣工结算报告及结算资料，应按规定报送企业主管部门审定，加盖专用章，在竣工验收报告认可后规定的期限内递交发包人或其委托的咨询单位审查。承发包双方应按约定的工程款及调价内容进行竣工结算。

（11）工程竣工结算报告和结算资料递交后，项目经理应按照《项目管理目标责任书》

的承诺，配合企业预算主管部门督促发包人及时办理竣工结算手续。企业预算部门应将结算资料送交财务部门，据以进行工程价款的最终结算和收款。工程竣工结算后，承包人和发包人应将工程竣工结算报告及完整的结算资料纳入工程竣工汇总，及时归档保存。

已 完 工 程 月 报 表

表 7-8

建设单位名称：　　　　　　　　年　　月份　　　　　　　　　　　单位：元

单项工程项目名称	施工图预算（或计划投资额）	建筑面积	开竣工日期		实际完成数		说明
			开工日期	竣工日期	至上月止已完工程累计	本月份已完工程	
1	2	3	4	5	6	7	8

施工企业　　（签章）　　　编制：　　　　　　　　　　　　日期　年　月　日

说明：本表作为本月份结算工程价款的依据，送建设单位和经办行各一份。

五、材料往来的结算

（1）由承包人自行采购建筑材料的，发包人可以在双方签订工程承包合同后按年度工作量的一定比例向承包人预付备料资金，并应在一个月内付清。备料款的预付额度，建筑工程一般不得超过当年建筑（包括水、电、暖、卫等）工程工作量的30%，大量采用预制构件以及工期在6个月以内的工程，可以适当增加；安装工程一般不得超过当年安装工作量的10%，安装材料用量较大的工程，可以适当增加。

预付的备料款，从竣工前未完工程所需材料价值相当于预付备料款额度时起，在工程价款结算时，按材料所占的比重陆续抵扣。

（2）按工程承包合同规定由承包人包工包料的，发包人将主管部门分配的材料指标划交承包人，由承包人购货付款，并收取备料款。

（3）按工程承包合同规定由发包人供应材料的，其材料可按材料预算价格转给承包人。材料价款在结算工程款时陆续抵扣。这部分材料承包人不应收取备料款。

（4）凡是没有签订工程承包合同和不具备施工条件的工程，发包人不得预付备料款，不准以备料款为名转移资金。承包人收取备料款后两个月仍不开工或发包人无故不按合同规定付给备料款的，银行可以根据双方工程施工合同的约定分别从有关账户中收回或付出备料款，或按预付款担保条件处理。

第四节　施工项目管理分析与考核评价

一、施工项目全面分析

施工项目完工后，必须进行总结分析，从而对施工项目管理进行全面系统的技术评价和经济分析，以总结经验、吸取教训，不断提高施工单位的技术和管理水平。

施工项目的分析有全面分析和单项分析。所谓全面分析，是对施工项目实施的各个方面都作分析，从而综合评价施工项目的效益和管理效果。全面分析的评价指标如图7-1所示。

（1）质量评定等级。指单位工程的质量等级。质量等级有合格、优良、市(省)优、部优。

（2）实际工期指统计实际工期，可按单位工程、单项工程和建设项目的实际工期分别计算。工期提前或拖期是指实际工期与合同工期的差异及与定额工期的差异。

(3) 利润指承包价格与实际成本的差异。

(4) 产值利润率指利润与承包价格的比值。

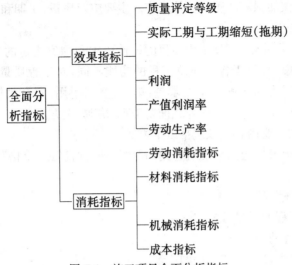

图 7-1　施工项目全面分析指标

(5)劳动生产率可按下式计算:

$$劳动生产率 = \frac{工程承包价格}{工程实际耗用工日数} \quad (7-1)$$

(6)劳动消耗指标包括单方用工、劳动效率及节约工日:

$$单方用工 = \frac{实际用工(工日)}{建筑面积(m^2)} \quad (7-2)$$

$$劳动效率 = \frac{预算用工(工日)}{实际用工(工日)} \times 100\% \quad (7-3)$$

$$节约工日 = 预算用工(工日) - 实际用工(工日) \quad (7-4)$$

(7)材料消耗指标包括:主要材料(钢材、木材、水泥等)的节约量及材料成本降低率。

$$主要材料节约量 = 预算用量 - 实际用量 \quad (7-5)$$

$$材料成本降低率 = \frac{承包价中的材料成本 - 实际材料成本}{承包价中的材料成本} \times 100\% \quad (7-6)$$

(8)机械消耗指标包括:某种主要机械利用率、机械成本降低率。

$$某种机械利用率 = \frac{预算台班数}{实际台班数} \times 100\% \quad (7-7)$$

$$施工项目机械成本降低率 = \frac{预算机械成本 - 实际机械成本}{预算机械成本} \times 100\% \quad (7-8)$$

(9)成本指标有两个:降低成本额和降低成本率。

$$降低成本额 = 承包成本 - 实际成本 \quad (7-9)$$

$$降低成本率 = \frac{承包成本 - 实际成本}{承包成本} \times 100\% \quad (7-10)$$

将以上指标值计算完成以后,便可综合分析施工项目管理的状况,做到用数据说话,进行利率评价。

二、施工项目单项分析

施工项目单项分析是对某项及某几项指标进行解剖性分析,从而找出项目管理好与差的具体原因,提出应该加强和改善的具体内容。主要应对质量、工期和成本进行分析。

(一)工程质量分析

工程质量分析的主要依据,是工程项目的设计要求和国家规定的工程质量检验评定标准。此外,还应该考虑到,由于各类建筑工程的功能不同,对工程质量的要求也有所区别。还应该考虑到,作为工程质量的基本要求是:第一,坚固耐用,安全可靠;第二,保证使用功能;第三,建筑物造型、布置以及室内外装饰要美观、协调、大方。

工程质量分析的主要内容应该包括以下方面:

(1)工程质量按国家规定的标准所达到的等级(即"优良"或"合格"),是否达到了控制目标。

(2)隐蔽工程质量分析。

(3)地基、基础工程的质量分析。

(4)主体结构工程的质量分析。

(5)水、暖、电、卫和设备安装工程的质量分析。

(6)装修工程的质量分析。

(7)重大质量事故的分析。

(8)各项保证工程质量措施的实施情况及是否得力。

(9)工程质量责任制的执行情况。

(二)工期分析

工期分析的主要依据是工程合同和施工总(综合)进度计划。工期分析的主要内容应该包括以下方面:

(1)工程项目建设的总工期和单位工程工期或分部分项工程工期,以计划工期同实际工期进行对比分析;还要对比分析各主要施工阶段控制工期的实施情况。

(2)施工方案是否是最合理、最经济,并能有效地保证工期和工程质量的方案,通过实施情况检查施工方案的优点和缺点。

(3)施工方法和各项施工技术措施是否满足施工的需要,特别是应该把重点放到分析和评价工程项目中的新结构、新技术、新工艺、高耸、大跨度、重型构件以及深基础等新颖、施工难度大或有代表性的施工方面。

(4)工程项目的均衡施工情况以及土建同水、暖、电、卫、设备安装等分项工程的工期和协作配合情况。

(5)劳动组织、工种结构是否合理以及劳动定额达到的水平。

(6)各种施工机械的配置是否合理以及台班台时的产量水平。

(7)各项保证安全生产措施的实施情况。

(8)各种原材料、半成品、加工订货、预制构件(包括建设单位供应部分)的计划与实际供应情况。

(9)其他与工期有关工作的分析,如开工前的准备工作、施工中各主要工种的工序搭接情况等。

(三)工程成本分析

工程项目成本分析的主要依据是工程承包合同和国家及企业有关成本核算制度和管理办法。成本分析是对成本控制的一次总检验,尤其是规模较大、工期较长或建筑群体的工程项目,一般是分栋号进行核算,往往缺乏综合的成本分析,就更有必要做这项工作,这也是对项目经理在完成工程项目以后经济效益的总考查。成本分析应包括以下内容:

(1)总收入和总支出对比。

(2)人工成本分析和劳动生产率分析。

(3)材料、物资的耗用水平和管理效果分析。

(4)施工机械的利用和费用收支分析。

(5)其他各类费用的收支情况分析。

(6)计划成本和实际成本比较。

上述工期分析、质量分析和成本分析,实质上是对项目经理在项目管理工作成果方面的基本考察,而且应该通过这种考察从中得出实际工作的经验和教训。这项工作关系到施工项目管理人员各方面的工作,因此,应该由项目经理主持,由有关业务人员分别组成分析小组,进行综合分析,并得出必要的结论。

三、施工项目管理考核与评价

(一)考核与评价的目的

考核与评价的目的是不断深化和规范项目管理行为,鉴定项目管理水平,确认项目管理成果。

(二)考核评价的主体与对象

项目经理的派出单位是考核评价的主体。该主体可能是企业法定代表人,也可能是工程部的主管。

考核评价的对象是项目经理,必要时也可对项目经理部的管理工作做出考核评价。

(三)考核评价的依据与期限

(1)考核评价的依据是施工项目经理与承包人签订的《项目管理目标责任书》,包括完成工程施工合同、经济效益、收回工程款、各项工作完成情况、执行承包人各项管理制度、各种资料归档等,以及《项目管理目标责任书》中其他要求内容的完成情况。

(2)可实行年度考核,也可按工程进度计划划分阶段考核,还可综合以上两种方式,在按工程部位划分阶段进行考核中插入按自然时间划分阶段进行考核。工程完工后,必须对项目管理进行全面的终结性考核。

(3)工程交工验收合格后,应给项目经理部预留一段时间整理资料、疏散人员、退还机械、清理场地、结清账目等,再进行终结性考核。

(4)终结性考核应确认阶段性考核的结果,确认项目管理的最终结果,确认该项目经理部是否具备"解体"的条件。经考核后,兑现《项目管理目标责任书》确定的奖励和处罚。

(四) 考核评价实务

组织项目考核委员会:施工项目完成以后,企业应组织项目考核委员会。考核委员会由企业主管领导和企业有关业务部门从事项目管理工作的人员组成,必要时也可聘请社团组织或专业院校的专家、学者参加。

考核评价程序:①制订方案,经企业法定代表人审批后施行;②听取项目经理部汇报,查看项目经理部的有关资料,对施工项目的管理层和作业层进行调查;③考察已完工程；④对项目管理的实际运作水平进行评分；⑤提出考核评价报告；⑥向被评价项目经理部公布评价意见。

项目经理部应向考核委员会提供的资料：①《项目管理实施规划》、各种计划和方案及其完成情况；②项目上所发生的所有来往函件、签证、记录、鉴定、证明；③各项技术经济指标的完成情况及分析资料；④项目管理的总结，以及质量、合同、成本、劳动、工资、物资、机械设备、技术、思想政治工作等各项管理总结；⑤使用的各种合同，管理制度，工资发放标准。

项目考核评价资料：①考核评价方案与程序；②考核评价依据和收集的资料；③考核评价计分办法及有关说明；④考核评价指标；⑤考核评价结果。

（五）考核评价指标

考核评价的定量指标：①工程质量等级；②工程成本降低率；③工期及提前工期率；④安全考核指标。

考核评价的定性指标：①执行企业各项制度的情况；②在项目管理中的创新成果；③项目管理资料的收集、整理情况；④思想政治工作做法与效果；⑤业主及用户的评价；⑥在项目管理中应用的新技术、新材料、新设备、新工艺；⑦在项目管理中采用新的和先进的组织管理方法和管理模式；⑧环保情况。

第五节　施工项目管理总结与工法

一、施工项目管理总结

在效益分析的基础上可以做出恰当的施工项目管理总结。施工项目管理总结的依据还有：施工组织设计、施工日志、施工图、施工合同、施工预算等。

施工项目管理总结包括技术总结和经济总结两个方面。

1. 技术总结

技术总结的内容是：在施工中采用了哪些新工艺、新材料、新设备和新方法，采用了哪些技术措施。还可以通过总结制定"工法"。

2. 经济总结

经济总结主要是从横向与纵向两个方面比较经济指标的提高与下降情况。其中纵向指企业本身的历史经济数据；横向指同类企业、同类项目的经济数据。

3. 总结得出结论

通过施工项目管理总结，应当得出以下结论：

（1）合同完成情况。即是否完成了工程承包合同，内部承包合同责任承担实际情况。

（2）施工组织设计和管理目标实现情况。

（3）项目的质量状况。

（4）工期对比状况及工期缩短所产生的效益。

（5）该施工项目的节约状况。

（6）项目施工提供的经验和教训。

二、工法

（一）工法的概念

工法，是建筑业经常使用的一个词，各个国家称谓不同，但其含义大致相同。日本叫"工法"，日本《建筑大字典》解释为"建造建筑物（构筑物）的施工方法或建造方法"。英美称为"方法"或"体系"。法国称为"工艺"或"技术"。我国建设部颁发的《施工企业实行工法制度的试行管理办法》对"工法"定义为："工法是指以工程为对象、工艺为核心，运用系统工程的原理，把先进技术与科学结合起来，经过工程实践形成的综合配套技术的应用方法。"从这个定义出发，工法有以下几个特征：

（1）工法的主要服务对象是工程建设，而不是其他方面的东西。工法来自工程实践，并从中总结出确有经济效益和社会效益的施工规律，又要回到施工实践中去应用，为工程建设服务。这就是工法的针对性和实践性所在。

（2）工法既不是单纯的施工技术，也不是单项技术，而是技术和管理相结合、综合配套的施工技术。工法不仅有工艺特点（原理）、工艺程序等方面的内容，而且还要有配套的机具、质量标准、劳动组织、技术经济指标等方面的内容，综合地反映了技术和管理的结合，内容上类似于施工成套技术。

（3）工法是用系统工程原理和方法总结出来的施工经验，具有较强的系统性、科学性和实用性。系统有大有小，工法也有大小之分。如针对建筑群或单位工程的，可能是大系统；针对分部或分项工程的，可能是子系统，但都必须是一个完整的整体。因此，概括地说，工法就是用系统工程原理总结出来的综合配套的施工方法。

（4）工法的核心是工艺，而不是材料、设备，也不是组织管理。如"软粘土深层搅拌加固工法"，就是利用水泥与软粘土的搅拌，水化后可获得强度的原理来加固软土地基，这种加固地基的方法是利用水泥作固化剂，通过特制的深层搅拌机械，在地基深部将软粘土与水泥强制拌和，使软粘土硬结成具有一定强度的水泥加固土，从而提高地基的强度。用深层搅拌工艺加固软土地基就是该工法的核心。至于采用什么样的机械设备，如何去组织施工，以及保证质量、安全措施等，都是为了保证工艺这个核心。

（5）工法是企业标准的重要组成部分，是施工经验的总结，是企业宝贵的无形资产，并为管理层服务。工法应具有新颖性、适用性，从而对保证工程质量、提高施工效率、降低工程成本有重大的作用。

（二）施工工法的内容

根据工法的定义，工法是以工程为对象、工艺为核心，包括先进技术与科学管理的综合配套技术。很显然，工法的内容也是综合配套的。但是，由于工法的对象有很大的差异，工法内容的综合配套程度和形式也必然有很大的区别。例如：工法的规模，大到工程项目、单位工程，小到分项或分部工程都可以成立工法。由于规模不同，先进技术和科学管理的内容就有显著的差异。一般来说，一个工序或工程部位可能是单纯技术问题，几乎涉及不到管理内容，但随着规模的扩大，管理内容的分量越来越大，甚至连技术问题也演化为系统工程。因此，施工工法的内容要视工法的具体情况而定。根据几年来的实践和对国外工法的具体剖析，可以看到工法内容有详有略，有繁有简。因此，难以对工法的内容作出硬性的规定。

但是，施工工法内容也不是无规律可循的。根据工法的含义和定义，工法的内容应该是在贯彻国家以及有关部门颁布的规范、规程等技术标准的前提下，通过本企业的科学管理和工程实践经验，提出开发应用科技成果或新技术的经验总结。也就是说，工法应在满足设计要求、符合质量标准的基础上,既有新技术发展概貌,又有具体的工艺特点、施工程序、机具设备以及综合效益等要求。从大量工法实例看出,工法的主要内容一般应包括:前言、工法特点、工艺程序(流程)、操作要点、机具设备及材料、质量标准,劳动组织及安全、效益分析,工程实例等。对于一些小型工法或特殊工法,不一定每项内容都有,也可能还要增加某些内容,但这些内容是一般工法应该具有的共性内容。其共性内容如下:

(1) 前言:说明工法的形成过程,包括研究开发单位、鉴定时间、获奖情况和推广应用情况。

(2) 施工工法特点:说明工法的工艺原理及理论依据,如纯属应用方法的工法,仅说明工艺或使用功能上的特点。有些工法还要规定最佳的技术经济条件,适用的工程部位或范围以及要求满足的具体技术条件。

(3) 工艺程序(流程):说明工法的工艺程序与作业特点,不但要讲明基本工艺过程,还要讲清程序间的衔接及关键所在。也可以用程序图(表格、框图)来表示。对于构造、材料或机具使用上的差异而引起的流程变化也应有所交代。

(4) 操作要点:有些专业操作技能要求较高的技艺,还应突出操作要点。

(5) 机具设备及材料:采用本工法所必需的主要机械、设备、工具、仪器等,以及它们的规格、型号、性能、数量和合理配置;主要施工用料及工程辅助物料的需要量。

(6) 质量标准:说明工法应遵循的国家、行业和企业的技术法规、标准,并列出关键部位、关键工序的质量要求,达到质量的主要措施。

(7) 劳动组织及安全:说明工种构成、人员组织以及施工中应注意的安全事项等。

(8) 效益分析:对工法消耗的物料、工时、造价及费用等进行综合分析。既要分析经济效益,也要分析社会效益。

(9) 工程应用实例:介绍工法曾经应用过的典型工程应用实例。

(三) 工法的编写

在编写工法时,应注意以下几个问题:

(1) 工法必须是经过工程应用,并证明是属于技术先进、效益显著、经济适用的项目。对于未经工程应用的新技术成果,不能称为工法。

(2) 编写工法的选题要适当。每项工法都是一个系统,系统有大有小,针对工程项目、单位工程的是大系统,针对分部、分项工程的是小系统。在初编工法时宜选择小一点的分部或分项工程的工法,如:锚杆支护深基坑开挖工法、现浇混凝土楼板一次抹面工法等,并与新技术推广紧密结合起来。

(3) 编写工法不同于写工程施工总结。施工总结往往是先交代工程情况,然后讲施工方法与经验,再介绍施工体会,大多是工程的写实;而工法是对施工规律性的剖析与总结,要把工艺特点(原理)放在前面,而最后可引用一些典型实例加以说明。有人形象地比喻说:工法是施工总结的倒写。

(4) 编写工法的目的是为了在工程实践中得到应用,并为企业积累财富。因此,在编写时文字既要简练,又要让人明白,看得懂。

(四) 工法的管理

建设部颁发的《施工企业实行工法制度的试行管理办法》对工法的审定、考核和管理已有原则的规定。

(1)工法的等级。工法分国家级、省(部)级和企业级三个等级,分别由建设部、地方或部门、企业三个层次进行管理。工法关键技术达到国内领先水平或国际先进水平,适用性强,有显著经济效益或社会效益的为国家级工法,由建设部会同有关部门和地区组织专家进行审定、确认;其关键技术达到地区、部门先进水平的,适用性较强,有较好的经济效益或社会效益的为省(部)级工法,由地区、部门建设主管部门组织专家进行审定和确认;其关键技术达到本企业先进水平,有推广应用价值的为企业级工法,由企业自行组织审定。

(2)工法的申报、审定、确认和管理,一律采取自下而上的程序,进行层层选拔。企业的工法是整个级别工法的基础。

(3)工法是指导施工企业进行施工生产和管理的一种规范化文件,是企业管理的重要组成部分。今后企业的技术标准主要由两部分组成:工法属于企业高层次的技术标准,为项目或工程技术人员服务,用于指导工程施工和管理,而工艺标准(操作规程、工艺卡、作业要领书)主要用于工程技术人员向工人班组或分包单位作技术交底。

(4)建立工法考核制度。对企业实行工法制度,建立考核制度是必要的,以此推动企业的技术进步。

(5)工法的奖励。应本着精神奖励为主,物质奖励为辅的原则对研究开发和推广应用工法有突出贡献的企业或职工进行奖励,其个人事迹应记入档案,作为考核、晋升、职称评定的重要依据。

附录 7-1

房屋建筑工程质量保修办法

(2000 年 6 月 30 日建设部令第 80 号发布)

第一条 为保护建设单位、施工单位、房屋建筑所有人和使用人的合法权益,维护公共安全和公众利益,根据《中华人民共和国建筑法》和《建设工程质量管理条例》,制订本办法。

第二条 在中华人民共和国境内新建、扩建、改建各类房屋建筑工程(包括装修工程)的质量保修,适用本办法。

第三条 本办法所称房屋建筑工程质量保修,是指对房屋建筑工程竣工验收后在保修期限内出现的质量缺陷,予以修复。

本办法所称质量缺陷,是指房屋建筑工程的质量不符合工程建设强制性标准以及合同的约定。

第四条 房屋建筑工程在保修范围和保修期限内出现质量缺陷,施工单位应当履行保修义务。

第五条 国务院建设行政主管部门负责全国房屋建筑工程质量保修的监督管理。

县级以上地方人民政府建设行政主管部门负责本行政区域内房屋建筑工程质量保修的监督管理。

第六条 建设单位和施工单位应当在工程质量保修书中约定保修范围、保修期限和保修责任等,双方约定的保修范围、保修期限必须符合国家有关规定。

第七条 在正常使用条件下,房屋建筑工程的最低保修期限为:

(一)地基基础工程和主体结构工程,为设计文件规定的该工程的合理使用年限;

(二)屋面防水工程、有防水要求的卫生间、房间和外墙面的防渗漏,为 5 年;

(三)供热与供冷系统,为 2 个采暖期、供冷期;

(四)电气管线、给排水管道、设备安装为 2 年;

（五）装修工程为 2 年。

其他项目的保修期限由建设单位和施工单位约定。

第八条 房屋建筑工程保修期从工程竣工验收合格之日起计算。

第九条 房屋建筑工程在保修期限内出现质量缺陷，建设单位或者房屋建筑所有人应当向施工单位发出保修通知。施工单位接到保修通知后，应当到现场核查情况，在保修书约定的时间内予以保修。发生涉及结构安全或者严重影响使用功能的紧急抢修事故，施工单位接到保修通知后，应当立即到达现场抢修。

第十条 发生涉及结构安全的质量缺陷，建设单位或者房屋建筑所有人应当立即向当地建设行政主管部门报告，采取安全防范措施；由原设计单位或者具有相应资质等级的设计单位提出保修方案，施工单位实施保修，原工程质量监督机构负责监督。

第十一条 保修完成后，由建设单位或者房屋建筑所有人组织验收。涉及结构安全的，应当报当地建设行政主管部门备案。

第十二条 施工单位不按工程质量保修书约定保修的，建设单位可以另行委托其他单位保修，由原施工单位承担相应责任。

第十三条 保修费用由质量缺陷的责任方承担。

第十四条 在保修期限内，因房屋建筑工程质量缺陷造成房屋所有人、使用人或者第三方人身、财产损害的，房屋所有人、使用人或者第三方可以向建设单位提出赔偿要求。建设单位向造成房屋建筑工程质量缺陷的责任方追偿。

第十五条 因保修不及时造成新的人身、财产损害，由造成拖延的责任方承担赔偿责任。

第十六条 房地产开发企业售出的商品房保修，还应当执行《城市房地产开发经营管理条例》和其他有关规定。

第十七条 下列情况不属于本办法规定的保修范围：

（一）因使用不当或者第三方造成的质量缺陷；

（二）不可抗力造成的质量缺陷。

第十八条 施工单位有下列行为之一的，由建设行政主管部门责令改正，并处 1 万元以上 3 万元以下的罚款。

（一）工程竣工验收后，不向建设单位出具质量保修书的；

（二）质量保修的内容、期限违反本办法规定的。

第十九条 施工单位不履行保修义务或者拖延履行保修义务的，由建设行政主管部门责令改正，处 10 万元以上 20 万元以下的罚款。

第二十条 军事建设工程的管理，按照中央军事委员会的有关规定执行。

第二十一条 本办法由国务院建设行政主管部门负责解释。

第二十二条 本办法自发布之日起施行。

附录 7-2

房屋建筑工程质量保修书

（示范文本）

（建建〔2000〕185 号）

发包人（全称）：_____

承包人（全称）：_____

发包人、承包人根据《中华人民共和国建筑法》、《建设工程质量管理条例》和《房屋建筑工程质量保修办法》，经协商一致，对_____（工程全称）签订工程质量保修书。

一、工程质量保修范围和内容

承包人在质量保修期内，按照有关法律、法规、规章的管理规定和双方约定，承担本工程质量保修责任。

质量保修范围包括地基基础工程、主体结构工程，屋面防水工程、有防水要求的卫生间、房间和外墙面的防渗漏，供热与供冷系统，电气管线、给排水管道、设备安装和装修工程、以及双方约定的其他项目。具体保修的内容，双方约定如下：

_____

_____

_____。

二、质量保修期

双方根据《建设工程质量管理条例》及有关规定，约定本工程的质量保修期如下：

1. 地基基础工程和主体结构工程为设计文件规定的该工程合理使用年限；

2. 屋面防水工程、有防水要求的卫生间、房间和外墙面的防渗漏为_____年；

3. 装修工程为_____年；

4. 电气管线、给排水管道、设备安装工程为_____年；

5. 供热与供冷系统为_____个采暖期、供冷期；

6. 住宅小区内的给排水设施、道路等配套工程为_____年；

7. 其他项目保修期限约定如下：

_____

_____

_____。

质量保修期自工程竣工验收合格之日起计算。

三、质量保修责任

1. 属于保修范围、内容的项目，承包人应当在接到保修通知之日起7天内派人保修承包人不在约定期限内派人保修的，发包人可以委托他人修理。

2. 发生紧急抢修事故的，承包人在接到事故通知后，应当立即到达事故现场抢修。

3. 对于涉及结构安全的质量问题，应当按照《房屋建筑工程质量保修办法》的规定，立即向当地建设行政主管部门报告，采取安全防范措施；由原设计单位或者具有相应资质等级的设计单位提出保修方案，承包人实施保修。

4. 质量保修完成后，由发包人组织验收。

四、保修费用

保修费用由造成质量缺陷的责任方承担。

五、其他

双方约定的其他工程质量保修事项：_____

_____。

本工程质量保修书，由施工合同发包人、承包人双方在竣工验收前共同签署，作为施工合同附件，其有效期限至保修期满。

发 包 人（公章）：   承 包 人（公章）：

法定代表人（签字）：   法定代表人（签字）：

    年   月   日   年   月   日

参 考 文 献

1 郎荣燊，吴涛主编．施工企业项目管理．北京：中国人民大学出版社，1993
2 陈祖仁，和宏明主编．施工企业现代化管理方法．北京：中国人民大学出版社，1993
3 丛培经，黄友邦编著．工程建设目标控制与监理．北京科学技术出版社，1992
4 余志峰．大型建筑工程项目风险管理和工程保险．建设监理，1993（4）、（6），1994（2）
5 雷胜强主编．国际工程风险管理与保险．北京：中国建筑工业出版社，1996
6 建筑工程手册编委会编．建筑工程手册．北京：地震出版社，1993
7 简玉强，钱昆润主编．建设监理工程师手册．北京：中国建筑工业出版社，1994
8 建设工程监理规范．北京：中国建筑工业出版社，2000
9 丛培经主编．实用工程项目管理手册．北京：中国建筑工业出版社，1999
10 卢有杰，卢家仪编著．项目风险管理．北京：清华大学出版社，1998
11 成虎编著．工程项目管理（第二版）．北京：中国建筑工业出版社，2001